高等职业教育"十三五"规划教材

JavaScript程序设计

张趁香　张书锋　主　编
密君英　张植才　徐　勇　王　珂　副主编

中国铁道出版社有限公司
CHINA RAILWAY PUBLISHING HOUSE CO., LTD.

内 容 简 介

本书是学习JavaScript语言编程的基础教材。全书共分为11章，主要内容包括JavaScript概述、JavaScript语言基础、函数及其应用、常用内置对象、常用文档对象、常用窗口对象、事件处理、DOM高级编程、JavaScript和CSS的交互、正则表达式和表单验证、JavaScript综合应用实例。为方便讲课与上机实践，第1~10章最后一节为实例，并附有对应习题，帮助学生巩固所学知识。

本书内容丰富，简明易懂、循序渐进、深入浅出，适合作为高职院校各专业学生学习Web开发课程的先导课教材，也可作为IT行业爱好者的辅助学习教材，还可以作为教师的教辅用书。

图书在版编目（CIP）数据

JavaScript程序设计/张趁香，张书锋主编.— 北京：中国铁道出版社，2019.2（2021.11重印）
高等职业教育"十三五"规划教材
ISBN 978-7-113-25357-8

Ⅰ. ①J… Ⅱ. ①张… ②张… Ⅲ. ①JAVA语言－程序设计－高等职业教育－教材 Ⅳ. ①TP312.8

中国版本图书馆CIP数据核字（2019）第020358号

书　　名：JavaScript程序设计
作　　者：张趁香　张书锋

策　　划：汪　敏　　编辑部电话：（010）51873628
责任编辑：汪　敏　徐盼欣
封面设计：付　巍
封面制作：刘　颖
责任校对：张玉华
责任印制：樊启鹏

出版发行：中国铁道出版社有限公司（100054，北京市西城区右安门西街8号）
网　　址：http://www.tdpress.com/51eds/
印　　刷：三河市宏盛印务有限公司
版　　次：2019年2月第1版　2021年11月第4次印刷
开　　本：889 mm×1 194 mm　1/16　印张：13　字数：310千
书　　号：ISBN 978-7-113-25357-8
定　　价：36.00元

版权所有　侵权必究

凡购买铁道版图书，如有印制质量问题，请与本社教材图书营销部联系调换。电话：（010）63550836
打击盗版举报电话：（010）63549461

前 言

JavaScript是互联网上最流行的脚本语言之一，这门语言可用于HTML和Web，更可广泛用于服务器、PC、笔记本电脑、平板电脑和智能手机等设备。然而，在历史上，它并不是一直这么幸运，由于主流浏览器之间的不兼容，以JavaScript为核心的DHTML曾经昙花一现，很快被人遗忘。俱往矣，如今的网页设计已经翻开了新的一页。在CSS彻底改变了Web页面布局的方式之后，万维网联盟跨浏览器的DOM标准的制定，使JavaScript终于突破瓶颈，成了大大改善网页用户体验的利器。

关于本书

本书是JavaScript程序设计教程，从JavaScript实际需要出发，全面、系统地介绍JavaScript的相关知识，并配合大量实例，让读者了解和掌握JavaScript技术。

本书以Web开发岗位人才的能力需求为导向，针对高职学生的认知特点，以企业典型案例为载体，形成从简单实例到复杂案例的系统化学习过程，突出学生的教学主体作用，重视职业能力的培养，充分体现课程教学的职业性、实践性和开放性，培养学生的综合职业技能和职业素养。

本书特色

案例丰富：每个知识点都配有相应的案例，第1~10章设计了配套的实例，以加强学生对知识点的理解和实践。

简单易学：本书从简单到复杂，逐步递进，并配有丰富的多媒体学习资源。

校企合作：本书是校企合作教材，教材中很多案例由企业工程师提供。

致谢

本书在编写过程中，得到了相关单位的大力支持，它们提供了丰富的企业项目案例和宝贵意见，在此特别感谢甲骨文软件研发中心（北京）有限公司上海分公司资深高级软件工程师贾志高、苏州市亿盟软件信息技术有限公司项目总经理梁增华、苏州仁创科技有限公司项目经理薛东海、苏州大宇宙信息创造有限公司开发总监徐勇等提供的技术支持。

由于编者水平有限，加之时间仓促，书中不妥与疏漏之处在所难免，欢迎广大读者批评指正。

编　者

2018年10月

目 录

第1章　JavaScript概述

1.1　JavaScript简述

1.1.1　JavaScript简介

JavaScript是一种描述式语言，由Netscape公司利用自身的LiveScript与Sun的Java结合开发出的一种语言，它与HTML结合使用，主要用于增强功能，并提高交互性能。

JavaScript是与Java完全不同的一种语言。虽然在结构和语法上JavaScript与Java类似，但是，它只是函数式的语言。客户端的JavaScript 必须要有浏览器的支持。

JavaScript由以下三部分组成。

1. DOM

当网页被加载时，浏览器会创建页面的DOM（Document Object Model，文档对象模型）。

2. BOM

BOM（Browser Object Model，浏览器对象模型）提供了独立于内容而与浏览器窗口进行交互的对象。由于BOM主要用于管理窗口与窗口之间的通信，因此其核心对象是window。它由一系列相关的对象构成，并且每个对象都提供了很多方法与属性。BOM缺乏标准；JavaScript语法的标准化组织是ECMA；DOM的标准化组织是W3C。BOM最初是Netscape浏览器标准的一部分。

3. ECMAScript

ECMAScript是一种由ECMA国际（前身为欧洲计算机制造商协会，英文名称是European Computer Manufacturers Association）通过ECMA-262标准化的脚本程序设计语言。这种语言在万维网上应用广泛，往往被称为JavaScript或JScript，它可以理解为是JavaScript的一个标准，但实际上后两者是ECMA-262标准的实现和扩展。

JavaScript是由Netscape公司开发的，它的前身是Live Script；Microsoft发行JScript用于Internet Explorer。

最初的JScript和JavaScript差异过大，Web程序员不得为两种浏览器编写两种脚本。于是诞生了ECMAScript，它是一种国际标准化的JavaScript版本。现在的主流浏览器都支持这种版本。JavaScript历史版本如表1-1所示。

表1-1 JavaScript 历史版本

JavaScript 版本	与 ECMA 版本的关系
JavaScript 1.1	ECMA-262，版本 1 基于 JavaScript 1.1
JavaScript 1.2	当 JavaScript 1.2 发布时，ECMA-262 还没有完成
JavaScript 1.3	JavaScript 1.3 与 ECMA-262 版本 1 完全兼容
JavaScript 1.4	JavaScript 1.4 与 ECMA-262 版本 1 完全兼容
JavaScript 1.5	JavaScript 1.5 与 ECMA-262 版本 3 完全兼容

1.1.2 JavaScript的主要特点

1. 解释性脚本语言

JavaScript是一种解释性脚本语言，它采用小程序段的方式实现编程。与其他脚本语言一样，JavaScript也是一种解释性语言，它提供了一个简易的开发过程。它的基本结构形式与C、C++、VB、Delphi十分相似。但它不像这些语言一样需要先编译，而是在程序运行过程中被逐行解释。它与HTML标记结合使用，从而方便用户操作。

2. 基于对象

JavaScript是一种基于对象的语言，也可以看作一种面向对象的语言。这意味着它能运用自己已经创建的对象。因此，许多功能可以由脚本环境中对象的方法与脚本相互作用而得以实现。

3. 简单性

JavaScript的简单性主要体现在：首先，它是一种在Java基本语句和控制流之上开发的简单、紧凑的语言，对于学习Java而言是一种非常好的过渡；其次，它的变量类型采用弱类型，并未使用严格的数据类型。

4. 安全性

JavaScript是一种安全性语言，它不允许访问本地硬盘，也不能将数据存入服务器，不允许对网络文档进行修改和删除，只能通过浏览器实现信息浏览或动态交互，从而能有效地防止数据的丢失。

5. 动态性

JavaScript是动态的，它可以直接对用户或客户的输入做出响应，无须经过Web服务程序。它对用户的响应是采用事件驱动的方式进行的。事件就是指在主页（homepage）中执行了某种操作所产生的动作，例如按下鼠标、移动窗口、选择菜单等都可以视为事件。当事件发生后，可能会引起相应的事件响应，即事件驱动。

6. 跨平台性

JavaScript依赖于浏览器本身，与操作系统环境无关，只要操作系统能运行浏览器并且浏览器支持JavaScript，就可以正确运行。

1.1.3 JavaScript相关应用

JavaScript的功能十分强大，可实现多种任务，如执行计算、检查表单、编写游戏、添加特效、自定义图形选择、创建安全密码等，所有这些功能都有助于增强站点的动态效果和交互性。下面介绍几种常见的JavaScript应用。

1. 验证数据

通过使用JavaScript，可以创建动态HTML页面，以便用特殊对象、文件和相关数据库来处理用户输入和维护永久性数据。例如，向某个网站注册时必须填写一份表单，输入各种详细信息。如果某个字段输入有误，向Web服务器提交表单前，经客户端验证发现错误，屏幕上就会弹出警告信息。这可以通过编写代码来实现。JavaScript中的“警告”对话框（见图1-1）可以有效地实现这一目的。

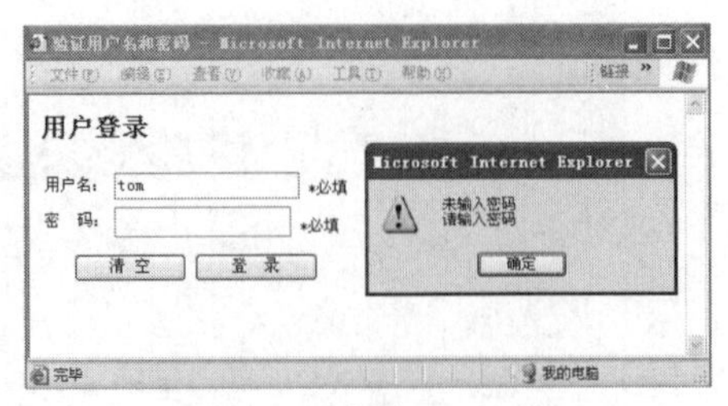

图1-1　“警告”对话框

2. 动画效果

浏览网页时，经常会看到一些动画效果，它们使网页显得更加生动。使用JavaScript脚本语言可以实现这些动画效果。图1-2所示为图片的遮罩效果。

图1-2　图片的遮罩效果

3. 窗口的应用

在打开网页时经常会看到一些漂浮的广告窗口。这些窗口可以通过JavaScript来实现。图1-3所示为网页中漂浮的广告窗口。

图1-3　网页中飘浮的广告窗口

4. 结合Flash实现综合效果

在企业网站上，企业业绩展示、产品展示、新品推荐、企业动态等栏目都会采用图片展示幻灯片Flash切换效果。图1-4所示为图片展示幻灯片Flash切换效果。

图1-4 图片展示幻灯片Flash切换效果

1.2 JavaScript的使用方法与工作原理

1.2.1 JavaScript的使用方法

将JavaScript语句插入HTML文档中有两种方法。

1. 使用JavaScript的<script></script>标记

通常，JavaScript代码使用script标记嵌入HTML文档中。只需要将每条脚本语句都封在script标记中，即可以将多个脚本嵌入一个文档中。浏览器在遇到<script>标记时，将逐行读取内容，直到</script>结束标记。然后，浏览器将检查JavaScript语句的语法。如有任何错误，就会在警告框中显示；如果没有错误，浏览器将编译并执行语句。

<script>标记的格式如下：

```
<script language="JavaScript">
   <!--
   JavaScript 语句 ;
   //-->
</script>
```

language属性用于指定编写脚本使用哪一种脚本语言（脚本语言是浏览器用于解释脚本的语言），通过该属性还可以指定使用脚本语言的版本。

“<! --语句//-->”是注释标记，这些标记用于告知不支持JavaScript的浏览器忽略标记中包含的语句。“<! -- ”表示开始注释标记，“-->”表示结束注释标记。这些标记是可选的，但建议在脚本中使用这些标记。虽然目前大多数的浏览器支持JavaScript，但使用注释标记可以确保不支持JavaScript的浏览器会忽略嵌入到HTML文档中的JavaScript语句。

JavaScript有以下几种规则：

（1）JavaScript语句必须以分号（;）结束。

（2）大小写敏感。JavaScript区分大小写，编写JavaScript脚本时应正确处理大小写字母。

（3）使用成对的符号。在JavaScript脚本中。开始符号和结束符号是成对出现的。遗漏或放错成对符号是一个较为常见的错误。

（4）使用空格。与HTML一样，JavaScript会忽略多余的空白区域。在JavaScript脚本中，可以添加额外的空格或制表符以使脚本文本文件易于阅读和编辑。

（5）使用注释。用户可以在注释行记录脚本的功能、创建时间和创建者。JavaScript中的注释行用双斜线（//）开始。

【示例1-1】输出“欢迎来到JavaScript世界”。代码如下：

```
<html>
    <head>
        <title>欢迎来到 JavaScript 世界!</title>
        <script language="javascript">
        //JavaScript代码
        document.write("欢迎来到 JavaScript 世界");
        </script>
    </head>
    <body>

    </body>
</html>
```

运行代码，界面如图1-5所示。

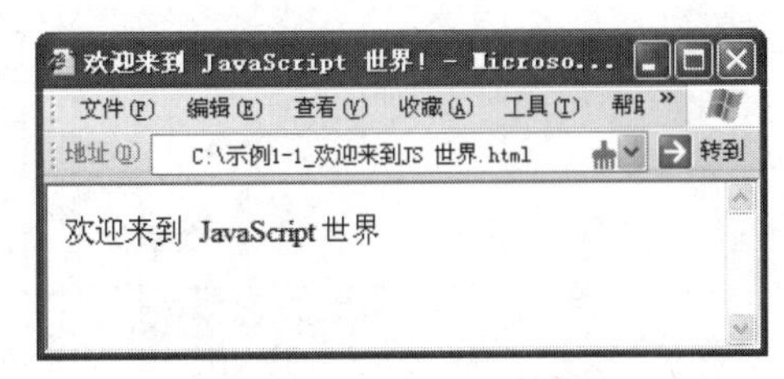

图1-5 使用script标签

双斜线（//）是JavaScript中的注释符。

HTML网页中，浏览器从标记<html>开始，顺序往下解释执行，所以上述JavaScript语句将在网页加载时顺序解释执行。document.write()方法表示向页面输出显示信息。

理论上，可以将JavaScript语句放置在HTML文档中的任何位置。然而，将核心脚本语句放置在head部分是一个良好的编程习惯。因为这确保了所有代码在从body部分调用之前被阅读和执行。

2. 使用外部JS文件

通常，JavaScript语句都是嵌入在HTML文档中的。当脚本比较复杂、代码较多时，可以把JavaScript代码放入一个单独的文件（*.js）中，然后将此外部文件链接到一个HTML文档。<script>标签的src（源）属性可用于包含外部文件。在指定源文件时，可以在src属性中使用绝对路径名或相对路径名。

```
<script language="JavaScript" src="filename.js"></script>
```

【示例1-2】创建两个文件：第一个文件“调用外部js.html”是HTML文件；第二个文件jstest.js是只包含JavaScript代码的文档文件。文件jstest.js链接到HTML文档文件中。其中“调用外部js.html”代码如下：

```
<html>
    <head>
       <title>欢迎来到 JavaScript 世界!</title>
       <script language="javascript" src="jstest.js"></script>
    </head>
    <body>
```

```
    </body>
</html>
```

JavaScript源文件（jstest.js）代码如下：

```
document.write("欢迎来到 JavaScript 世界");
```

在浏览器中的输出显示结果与图1-5完全相同。

示例1-2演示了链接外部JS文件的功能。链接文件的主要好处是可以在多个HTML文档之间共享函数。这种情况下可以创建一个包含公共函数的“.js文件”，然后将此文件链接到所需的文档。如果要加入新的函数或修改一个函数，只需要在一个文件中修改，而不用对多个HTML文档进行更改。

注意：外部文件是包含JavaScript代码的文本文件，其文件名带有.js扩展名。代码文件只能包含JavaScript语句，不能将HTML标记添加到外部JavaScript文件中。

1.2.2 JavaScript的工作原理

在脚本执行过程中，浏览器客户端与应用服务器采用请求/响应模式进行交互。JavaScript的工作原理如图1-6所示。

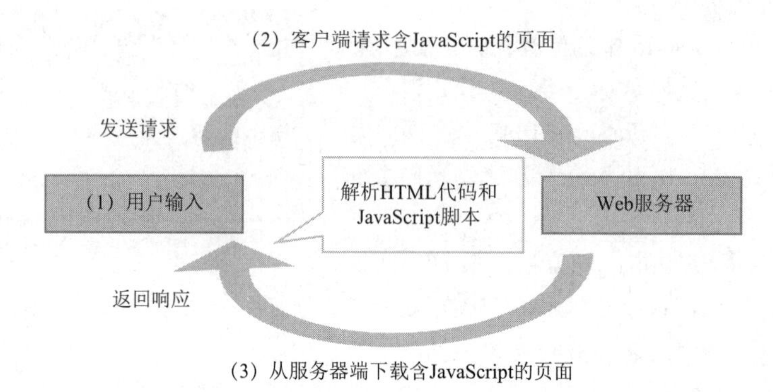

图1-6　JavaScript的工作原理

具体执行过程分解如下：

（1）浏览器接收用户的请求；一个用户在浏览器的地址栏中输入要访问的页面（这个页面中包含JavaScript脚本程序）。

（2）向Web服务器请求某个包含JavaScript脚本的页面，浏览器把请求信息（要打开的页面信息）发送到应用服务器端，等待服务器端的响应。

（3）Web服务器端向浏览器端发送响应信息，即把含有JavaScript脚本的HTML文件发送到浏览器客户端，然后由浏览器从上至下逐条解析HTML标签和JavaScript脚本，并显示页面效果。

使用客户端脚本的好处有以下两点。

（1）含有JavaScript脚本的页面只要下载一次即可，这样能够减少不必要的网络通信。

（2）脚本程序是由浏览器客户端执行而不是由服务器端执行的，因此能够减轻服务器端的压力。

1.3 编写JavaScript的工具

编写JavaScript脚本的工具有多种，主要包括记事本、Dreamweaver、UltraEdit、EditPlus、Visual Studio系列开发工具等。下面介绍几种HTML的编辑方式。

1.3.1 使用记事本编辑JavaScript程序

记事本是编写JavaScript代码最简单的工具，它可以进行一些简单的文字处理和JavaScript代码的局部修改。虽然记事本使用简单，但如果要使用它编辑一些复杂的JavaScript代码，则需要熟练掌握JavaScript的语法、对象等。

【示例1-3】使用记事本编写JavaScript程序。具体步骤如下：

（1）单击“开始”菜单，选择“程序”→“附件”→“记事本”命令，打开记事本程序。

（2）在记事本中输入HTML与JavaScript代码，具体代码如下：

```
<html>
    <head>
        <title>Hello JavaScript!</title>
    </head>
    <body>
        <script language="javascript">
            window.alert("Hello JavaScript!");
        </script>
    </body>
</html>
```

（3）编辑完成后，选择“文件”→“保存”命令，弹出“另存为”对话框。在对话框中选择保存位置，将文件名设置为“实例1-3_HelloJavaScript.html”（注意将其保存为.html格式或.htm格式），保存类型为“所有文件”，单击“保存”按钮。程序运行结果如图1-7所示。

图1-7 使用记事本编写的JavaScript程序

> 说明：使用记事本开发JavaScript程序也存在着缺点，就是整个编写过程要求开发者完全手工输入程序代码，这就影响了程序的开发速度。所以，在条件允许的情况下，最好不要只选择记事本一种工具来开发JavaScript程序。

1.3.2 使用Dreamweaver编辑JavaScript程序

Dreamweaver是Adobe公司开发用来建立Web站点和应用程序的专业工具。该工具可以将可视化应用程序开发与代码组合在一起，并且内置了一些JavaScript小程序。

下面介绍使用Dreamweaver编写Javascript程序的具体步骤。

（1）安装Dreamweaver后，选择“开始”→“程序”→Adobe Dreamweaver命令启动软件，首先进行“工作区设置”，选择“设计者”或是“代码编辑者”都可以。

（2）选择“文件”→“新建”命令，即出现“新建文档”对话框，“空白页”选项已被选定。从“页面类型”列表中选择类型，这里选择HTML，如图1-8所示。

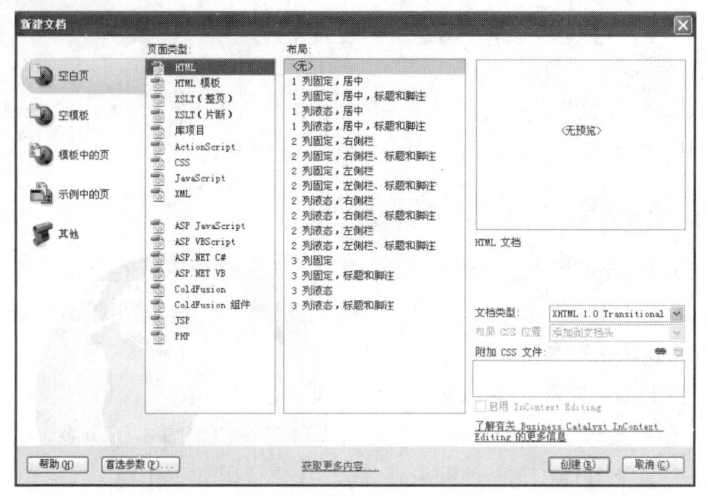

图1-8 “新建文档”对话框

（3）单击“创建”按钮，即可创建以JavaScript为主脚本语言的文件。

如果选择JavaScript选项，则创建一个JavaScript文档。在创建JavaScript脚本的外部文件时不需要使用<script>标记，但文件的扩展名必须是.js。调用外部文件可以使用<script>的src属性。

（4）在创建后的HTML页面中，Dreamweaver主要有3种视图：代码视图、拆分视图、设计视图。在代码视图中可以编写程序代码，如图1-9所示；在拆分视图中，可以同时编辑设计视图与代码视图中的内容，如图1-10所示；在设计视图中，可在页面中插入HTML元素，进行页面布局和设计。

说明：在代码视图中编辑JavaScript脚本，在设计视图中不会输出显示，也没有任何标记。

此外，Dreamweaver是一个非常强大的网页编辑工具，可以插入网页中的各种元素，并自动生成HTML代码，同时可以通过设计视图中的属性设置修改元素属性。在页面中，允许多个表格嵌套；可以插入图像、Flash等，也可以插入表单元素，例如文本框、列表、复选框、按钮等。

（5）设计页面或者代码编辑完成后，保存该文件到指定目录下，文件的扩展名为.html或.htm。

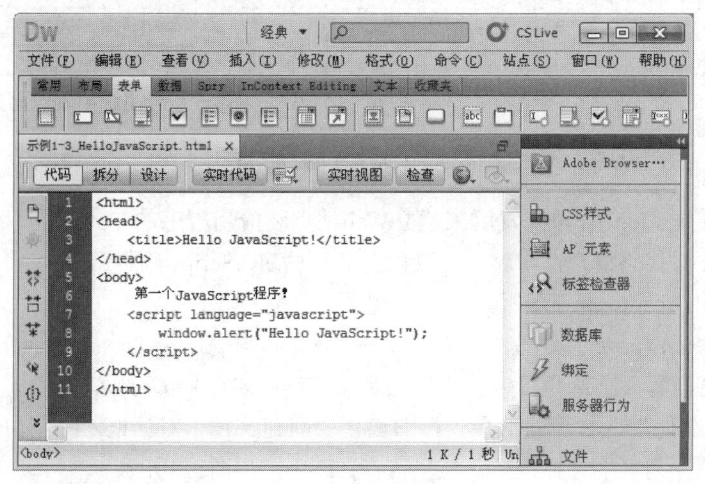

图1-9 代码视图

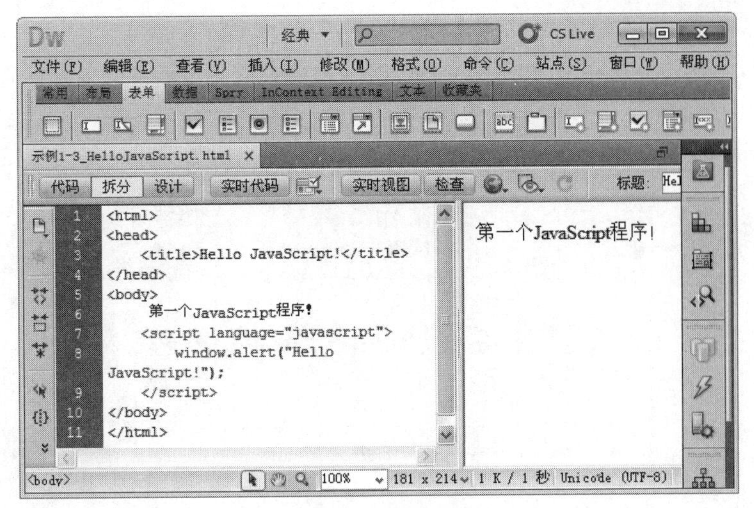

图1-10 拆分视图

1.4 JavaScript程序编写、运行与调试

【示例1-4】演示JavaScript程序的编写、运行与调试的全过程。

（1）编写JavaScript代码。

① 启动Dreamweaver编辑器，选择“开始”→“程序”命令，打开“新建文档”对话框。选择“页面类型”选项卡中的HTML选项，然后单击“创建”按钮，即可成功创建一个HTML页面，选择“文件”→“另存为”命令，保存文件名为“示例1-4.html”。

② 在HTML中嵌入JavaScript脚本需置于<script language="javascript"></script>之间。在<body>标记中输入如下两行代码：

```
    document.write("欢迎来到 JavaScript 世界");
    prompt("请输入你的年龄",20);
```

在Dreamweaver中输入JavaScript脚本程序的结果如图1-11所示。

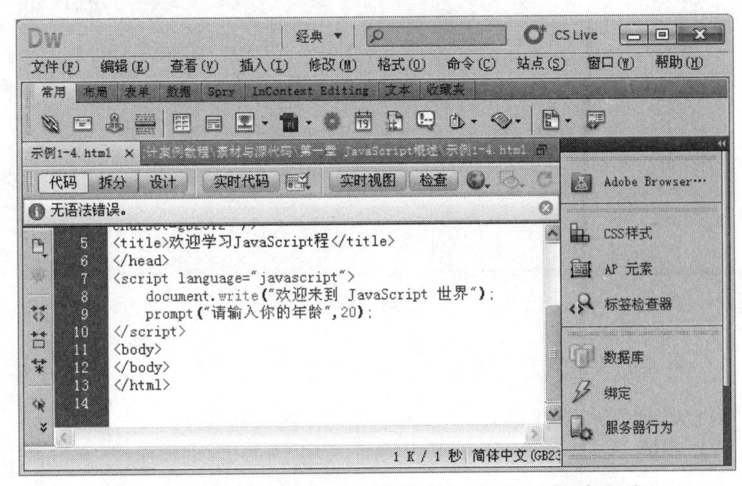

图1-11 在Dreamweaver中输入JavaScript脚本程序

（2）运行JavaScript程序。

运行JavaScript程序需要能支持JavaScript语言的浏览器。现在的浏览器基本都支持JavaScript程序。

双击刚刚保存的“示例1-4.html”文件，在浏览器中输出运行结果，如图1-12所示。

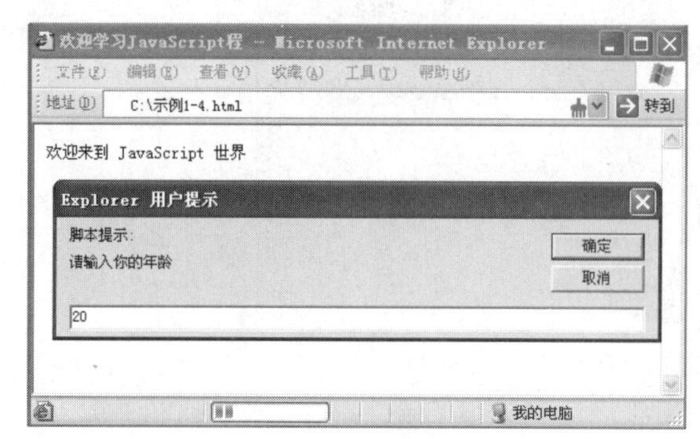

图1-12　运行JavaScript程序

（3）调试JavaScript程序。

程序出错的类型分为语法错误和逻辑错误两种。

① 语法错误。语法错误是在程序开发中使用不符合某种语言规则的语句而产生的错误。例如错误地使用了JavaScript的关键字，错误地定义了变量名称等，当浏览器运行JavaScript程序时就会报错。

例如，将“示例1-4.html”中代码“document.write("欢迎来到 JavaScript 世界");”中的英文分号“;”误写成中文分号“；”，在Dreamweaver中就会提示错误（第7行中包含一个语法错误，在解决此错误之前，代码提示可能无法正常工作。），如图1-13所示。

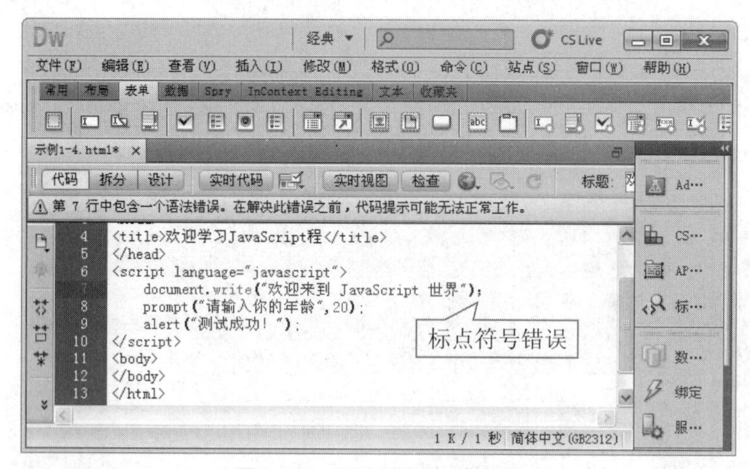

图1-13　语法错误实时检测

如果将代码“prompt("请输入你的年龄",20);”中的第一个字符由小写改为大写字母。即：

```
Prompt("请输入你的年龄",20);
```

保存文件后，再次在浏览器中浏览运行，程序就会出错。运行本程序，将会弹出图1-14所示的错误。

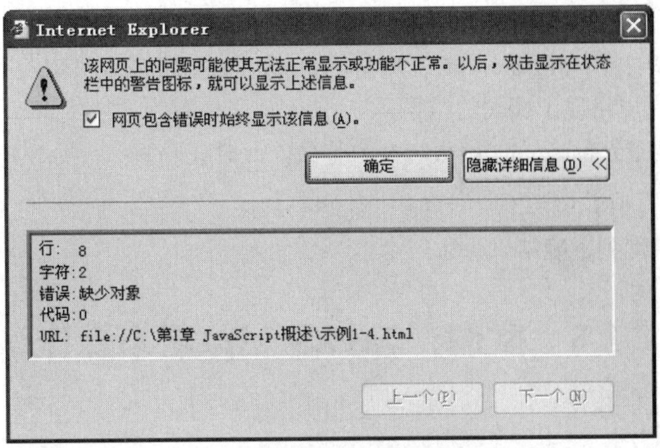

图1-14　在IE浏览器中调试JavaScript

说明：要使用IE浏览器的错误代码提示信息，需要在浏览器中选择“工具”→“Internet选项”命令，打开“Intended选项”对话框，然后选择“高级”选项，勾选“显示每个脚本错误通知”选项。

② 逻辑错误。有时候，程序不存在语法错误，也没有执行非法操作的语句，可是程序运行结果却是不正确的，这种错误叫做逻辑错误。逻辑错误对于编辑器来讲并不算错误，但是由于代码中存在逻辑问题，导致运行时没有得到预期结果。逻辑错误在语法上是不存在错误的，但是程序的功能上是个Bug，而且是最难调试和发现的Bug。因为它们不会抛出任何的错误信息，唯一结果就是程序功能不能实现。

比如你想判断一个人的名字是不是叫Bill，但编写程序时却少写了一个l，变成了Bil，在运行时就会发生逻辑错误。

更隐蔽的逻辑错误的例子还有很多，比如由于忘记变量初始化而包含垃圾数据、忘记判断结束条件或结束条件不正确使得循环提前或延后结束，甚至成为死循环等。

【示例1–5】逻辑错误判断。输入以下代码：

```
<script language="javascript">
    document.write("求长方形的周长");
    var width,height,C;
    width=prompt("长方形的宽（单位米）",10);
    height=prompt("长方形的高（单位米）",20);
    C=2(width+height);
    alert("长方形的周长为"+C);
</script>
```

以上代码中，最直接的逻辑错误是2(width+height)，在编程过程中乘号不可忽略。所以代码应为：

```
C=2*(width+height);
```

测试代码，默认宽为10 m，高为20 m，得到的结果如图1–15所示。

图1–15　测试结果

虽然用户输入的是数字10和20，但prompt()返回的是输入的字符串，也就是"10"和"20"，所以语句：C=2*(width+height)中变量width和height都是字符串类型，上述语句相当于C=2*("10"+"20")，所以出现了2040的结果。

输入的参数需要通过parseInt( )函数转换为整数。此时代码为：

```
C=2*(parseInt(width)+ parseInt(height));
```

再次运行代码，得到正确结果为60。

1.5 实例：JavaScript基本操作

1.5.1 学习目标

（1）熟练掌握使用Dreamweaver软件在HTML文件中编写JavaScript程序的基本操作。

（2）掌握在IE浏览器中测试JavaScript的基本操作。

1.5.2 实例介绍

参考示例1-5，编写一个JavaScript程序，求解长方形的面积，并在页面中显示结果。

1.5.3 实施过程

（1）使用Dreamweaver软件创建HTML页面，保存页面，命名为“JavaScript实训1.html”。

（2）在<body></body>标记之间编写如下代码，实现长方形的面积。

```
<script language="javascript">
    document.write("求长方形的面积");
    var width,height,S;
    width=prompt("长方形的宽（单位米）",10);
    height=prompt("长方形的高（单位米）",20);
    S=parseInt(width)*parseInt(height);
    alert("长方形的面积为"+S);
</script>
```

（3）运行程序，浏览结果，如果发现错误，可通过调试工具解决问题。

1.5.4 实例拓展

（1）将“JavaScript实训1.html”中的Javascript代码与HTML分离，使用<script>脚本调用外部JS文件。

（2）完成圆的周长与面积的求解。

习　题

1. 在调用外部JavaScript文件（test.js）时，下面写法正确的是（　　）。

   A. <script src="test.js"></script>　　B. <script file="test.js"></script>

2. JavaScript中（　　）大小写。

   A. 区分　　B. 不区分

3. 以下JavaScript语法格式正确的是（ ）。

A. alert("I like JavaScript");

B. document.wirte(I like JavaScript);

C. alert("I like JavaScript")

D. document.wirte(I like JavaScript)

4. 对于不支持JavaScript的浏览器来讲，以下（ ）标记会把编写的JavaScript脚本作为注释处理。

A. <!-- --> 标记

B. /* */标记

C. '标记

D. ///标记

5. 以下（ ）是JavaScript技术特性。

A. 跨平台性

B. 解释型脚本语言

C. 基于对象的语言

D. 具有以上各种功能

6. JavaScript代码的执行是在（ ）。

A. 服务器端

B. 客户端

7. JavaScript的编写工具有（ ）。

A. 记事本

B. Dreamweaver

C. Ultra Edit

D. 任何一种文本编辑器

8. JavaScript程序在不同的浏览器上运行时，得到的结果是（ ）。

A. 一定是相同的

B. 不一定是相同的

第2章 JavaScript语言基础

2.1 关键字和标识符

2.1.1 关键字

JavaScript关键字（Reserved Words）是指在JavaScript语言中有特殊含义、成为JavaScript语法中一部分的那些字。JavaScript关键字不能作为变量名或者函数名使用。使用JavaScript关键字作为变量名或函数名，会使JavaScript在载入的过程中出现编译错误。JavaScript的关键字如表2-1所示。

表2-1 JavaScript的关键字

abstract	continue	finally	instanceof	private	this
boolean	default	float	int	public	throw
break	do	for	interface	return	typeof
byte	double	function	long	short	true
case	else	goto	native	static	var
catch	extends	implements	new	super	void
char	false	import	null	switch	while
class	final	in	package	synchronized	with

2.1.2 标识符

在JavaScript中，标识符（identifier）用来命名变量和函数，或者用作JavaScript代码中某些循环的标签。在JavaScript中，标识符的命名规则和Java以及其他许多语言的命名规范相同，第一个字母必须是字母、下画线（_）或美元符号（$），其后的字符可以是字母、数字或下画线、美元符号。

注意：数字不允许作为首字符出现，以便JavaScript能轻易地区别开标识符和数字。

下面都是合法的标识符：

i　my_pass　__user　$str　m1

> 注意：标识符不能和JavaScript中用于其他目的的关键字同名。

2.2 数据类型

JavaScript脚本语言中采用弱类型的方式（数据类型弱到对变量没有任何约束），即一个数据（变量或者常量）不必首先声明，可以在使用或者赋值时再确定它的数据类型。当然，也可以先声明数据类型，在赋值时自动说明其数据类型。本节将详细介绍JavaScript的数据类型。

2.2.1 数值型

数字（number）是最基本的数据类型。JavaScript和其他程序设计语言（例如C语言或者Java语言）的不同之处在于它并不区分整型数值和浮点数值。在JavaScript中，所有的数字都是浮点型。JavaScript采用64位浮点格式表示数字。

当一个数字直接出现在JavaScript程序中时，被称为数值直接量。JavaScript支持的数值直接量有整型数据、十六进制和八进制数据、浮点型数据几种，下面将对这几种形式进行详细介绍。

> 注意：在任何数值直接量前加上负号（-）可以构成它的负数。但是负数是一元求反运算符，不是数值直接量的一部分。

1. 整型数据

在JavaScript程序中，十进制的整数是一个数字序列，例如：

0、6、8、200

JavaScript的数字格式能精确地表示$-2^{63} \sim 2^{63}$之间的所有整数。但是使用超过这个范围的整数，就会失去位数的精确型。需要注意的是，JavaScript中的某些整数运算是对32位的整数执行的，其范围是$-2^{31} \sim 2^{31}-1$。

2. 十六进制和八进制数据

JavaScript不但能够处理十进制的整型数据，而且能够识别十六进制的数据。十六进制数据（基数为16）以0X和0x开头，其后跟随十六进制数字串的直接量。十六进制的数字可以是0～9中的某个数字，也可以是a（A）～f（F）中的某个字母，它们用来表示0～15之间（包含0和15）的某个值。例如：

```
0x8f                //8*16+15=143（基数为10）
```

尽管ECMAScript标准不支持八进制数据，但是JavaScript的某些实现却允许采用八进制格式的整型数据（基数为8）。八进制数据以数字0开头，其后跟随一个数字序列，这个序列中的每个数字都在0～7之间（包括0和7）。例如：

```
0566               //5*64+6*8+6=374（基数为10）
```

注意：由于某些JavaScript实现支持八进制数据，而有些不支持，所以最好不要使用0开头的整型数据，因为不知道某个JavaScript的实现是将其解释为十六进制还是解释为八进制。

3．浮点型数据

浮点型数据可以具有小数点，采用传统科学计数法。一个实数可以表示为“整数部分.小数部分”。

此外，还可以使用指数法来表示浮点型数据，即实数后跟随字母e或者E，后面加上正负号，其后再加上一个整型指数。这种记数法表示的数值等于前面的实数乘以10的指数次幂。

例如：

```
6.8
.5556
6.12e+15        //6.12*10^15
6.12e-15        //6.12*10^-15
```

2.2.2 字符串型

字符串（string）是由Unicode字符、数字、标点符号等组成的序列，它是Javascript用来表示文本的数据类型。程序中的字符串型数据包含在单引号或双引号中，由单引号定界的字符串中可以包含双引号，由双引号定界的字符串中也可以包含单引号。

例如，单引号括起来的一个或多个字符，代码如下：

```
'A'
'Hello JavaScript！'
```

例如，双引号括起来的一个或多个字符，代码如下：

```
"B"
"Hello JavaScript！"
```

例如，单引号定界的字符串中可以包含双引号，代码如下：

```
'pass="mypass" '
```

例如，双引号定界的字符串中可以包含单引号，代码如下：

```
"You can call her 'Rose' "
```

注意：JavaScript与C、Java不同的是，它没有char这样的单字符数据类型。要表示单个字符，必须使用长度为1的字符串。

2.2.3 布尔型

数值数据类型和字符串数据类型的值都是无穷多个，但布尔数据类型只有两个值，这两个合法的值分别由直接量true和false表示“真”和“假”。一个布尔值代表一个值的真假，它说明某个事物是真还是假。

在JavaScript程序中，布尔值通常用来比较所得的结果，例如：

```
m==1
```

这行代码测试了变量m的值是否和数值1相等。如果相等，比较的结果就是布尔值true，否则就是false。

布尔值通常用于JavaScript的控制结构。例如，JavaScript的if...else 语句就是在布尔值true时执行一个动作，而在布尔值为false时执行另一个操作。通常将一个布尔值与使用这个值比较的语句结合在一起。例如：

```
if(m==1)
    n="Yes";
else
    n="No";
```

上述代码检测了m是否等于1。如果相等，则n="Yes"，否则n="No"。

有时候可以把两个可能的布尔值看作1（true）和0（false），实际上JavaScript确实是这样做的，在必要的时候将true转化为1，将false转化为0。

2.2.4 特殊数据类型

除了以上介绍的数据类型，JavaScript还包括一些特殊类型的数据，如转义字符、未定义值等。

1. 转义字符

以反斜杠开头的、不可显示的特殊字符通常称为控制字符，也称转义字符。通过转义字符可以在字符串中添加不可显示的特殊字符，或者避免引号匹配混乱。JavaScript常用的转义字符如表2-2所示。

表2-2 JavaScript常用的转义字符

转义字符	描　述	转义字符	描　述
\b	退格	\v	跳格（Tab、水平）
\n	回车换行	\r	换行
\t	Tab 符号	\\	反斜杠
\f	换页	\OO	八进制整数，范围 00 ~ 77
\'	单引号	\xHH	十六进制整数，范围 00 ~ FF
\"	双引号	\uhhhh	十六进制编码的 Unicode 字符

在document.writeln( )语句中使用转义字符时，只有将其放在格式化文本标签<pre></pre>中才会起作用。

【示例2-1】应用转义字符使字符串换行的代码如下：

```
document.writeln("<pre>");
document.writeln("努力学习\nJavascript语言！");
document.writeln("</pre>");
```

程序运行结果如图2-1所示。如果上述代码中不使用<pre></pre>标签，则转义字符不起作用，即不会换行，程序运行结果如图2-2所示。

2. 未定义值

未定义类型的变量是undefined，表示变量还没有赋值（如var m;），或者赋予一个不存在的属性值（如var m=String.noproperty;）。

此外，JavaScript中还有一种特殊类型的数字常量NaN，即“非数字”。当程序由于某种原因计算错误后，将产生一个没有意义的数字，此时JavaScript返回的数值就是NaN。

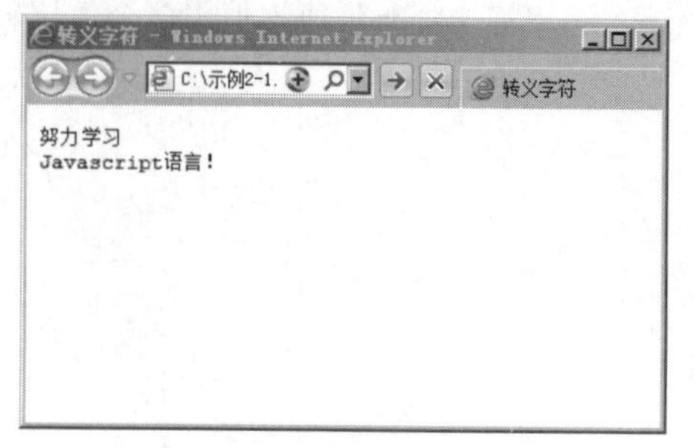

图2-1 转义符的使用效果

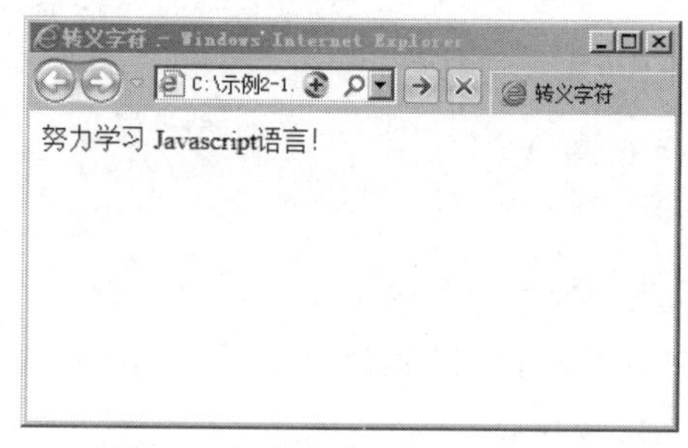

图2-2 去除格式化标签后的效果

3. 空值

JavaScript中的关键字null是一个特殊的值，它表示值为空，用于定义空的或者不存在的引用。如果试图引用一个没有定义的变量，则返回一个null值。这里必须注意的是，null不等同与空字符串（""）和0。

null和undefined的区别是：null表示一个变量被赋予了一个空值，而undefined则表示该变量尚未被赋值。

2.3 常量与变量

2.3.1 常量的定义

当程序运行时，值始终不发生改变的量为常量（constant）。常量主要用于为程序提供固定和精确的值（包括数值和字符串）。数值、布尔值（true、false）等都是常量。声明常量的语法结构如下：

```
const 常量名：数据类型 = 值 ;
```

常量在程序中声明后便会存储到计算机中，在该程序没有结束前，它是不会发生变化的。如果在程序中过多地使用常量，会降低程序的可读性和可维护性。当一个常量在程序内被多次引用时，可以考虑在程序开始处将它设置为变量，然后再引用。当此值需要修改时，则只需要更改其变量的值就可以了，既减少了出错的机会，又可以提高工作效率。

2.3.2 变量的定义与命名

变量是指程序中一个已经命名的存储单元，它的主要作用就是为数据操作提供存放信息的容器。在使用变量前，首先必须了解变量的命名规则。

JavaScript中的变量命名同其他编程语言非常相似，但需要注意以下几点：

（1）必须是一个有效变量，即变量名称以字母开头，中间可以出现数字，如test1、test2等。除下画线作为连字符外，变量名称不能有空格、+、-或其他符号。

（2）不能使用JavaScript中的关键字作为变量。在JavaScript中定义了40多个关键字，这些关键字是JavaScript内部使用的，不能作为变量的名称。如var、int、double、true等，详细参考表2-1。

（3）JavaScript的变量名是严格区分大小写的。例如，Userpass与userpass分别代表的不同变量。

注意：对变量命名时，最好把变量的意义与其代表的意思对应起来，以便于记忆和增加程序的可读性。

2.3.3 变量的声明与赋值

JavaScript变量可以在使用前先做声明，并可以赋值。通过使用var关键字对变量进行声明。对变量进行声明的最大好处就是能及时发现代码中的错误。因为JavaScript是采用动态编译的，而动态编译不易发现代码中的错误，特别是变量命名方面的错误。

在JavaScript中，变量可以用var作声明，其语法格式如下：

```
var variable;
```

在声明变量的同时也可以对变量进行赋值。

```
var m=88;
```

声明变量时所遵循的规则如下：

（1）可以使用一个关键字var同时声明多个变量。例如：

```
var x,y,z;                              //同时声明x,y,z三个变量
```

（2）可以在声明变量的同时对其赋值，即为初始化。例如：

```
var x=1,y=2,z=3;                        //同时声明x,y,z三个变量，并分别对其赋值
```

（3）如果只是声明了变量，并未对其赋值，则其值默认为undefined。

（4）var语句可以用作for循环和for...in循环的一部分，这样使循环变量的声明成为循环语句自身的一部分，使用起来比较方便。

（5）也可以使用var语句多次声明同一个变量，如果重复声明的变量已有一个初始值，此时的声明就相当于对变量重新赋值。

当给一个尚未声明的变量赋值时，JavaScript会自动用该变量名创建一个全局变量。在函数内部，通常创建的只是仅在函数内部起作用的局部变量，而不是全局变量。创建一个局部变量，不是赋值给一个已经存在的局部变量，而是必须使用var语句进行变量声明。

另外，由于JavaScript采用了弱类型的数据形式，因此用户可以不必理会变量的数据类型，可以把任意类型的数据赋值给变量。

【示例2-2】变量的声明，代码如下：

```
var m=100;
var x="好好学习Javascript！";
var y=true;
document.writeln(m+"<br>");
document.writeln(x+"<br>");
document.writeln(y);
```

程序运行结果如图2-3所示。

在JavaScript中，变量可以先不声明，在使用时再根据变量的实际作用来确定其所属的数据类型。建议在使用变量前对其声明，可以及时发现代码中的错误。

图2-3 变量的声明

2.3.4 变量的作用域

变量还有一个重要特性，那就是变量的作用域。在JavaScript中有全局变量和局部变量之分。全局变量定义在所有函数体之外，其作用范围是所有的函数；局部变量定义在函数体之内，只在该函数内可见，其他函数则不能访问它。

如果全局变量与局部变量有相同的名字，则同名局部变量所在函数内会屏蔽全局变量，优先使用局部变量。

【示例2-3】变量作用域，在script标记内编写如下代码：

```
<script language="javascript">
    document.write(" 全局变量与局部变量的演示 :<br/>");
    var myname=" 张三 ";
    document.write(" 函数外: myname="+myname+"<br/>");
    function myfun() {
        var myname;
        myname=" 李四 ";
        document.write(" 函数内: myname="+myname+"<br/>");
    }
    myfun();
    document.write(" 函数外: myname="+myname+"<br/>");
</script>
```

运行代码，浏览页面，结果如图2-4所示。

注意：这个运行结果说明，函数内改变的只是该函数内定义的局部变量，不影响函数外的同名全局变量的值，函数调用结束后，局部变量占据的内存存储空间被收回，而全局变量内存存储空间则被继续保留。

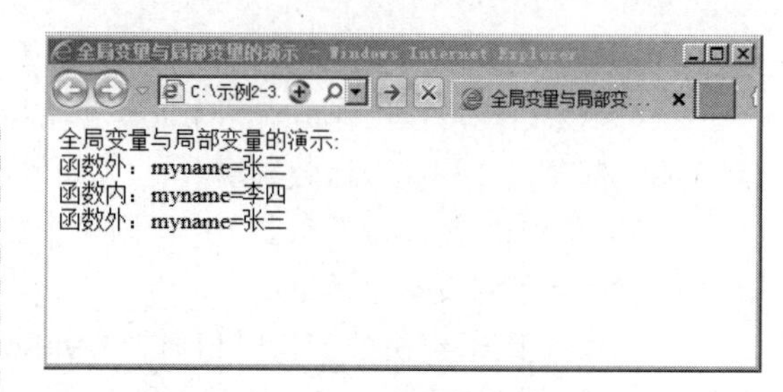

图2-4 变量作用域

2.4 表达式与运算符

2.4.1 表达式

表达式是一个语句的集合，像一个组一样，计算结果是一个单一的值，该值可以是布尔型、数值型、字符串或者对象类型。

一个表达式本身可以很简单，如一个数字或者变量，它还可以包含许多连接在一起的变量关键字以及运算符。

例如，表达式m=8将值8赋给了变量m，整个表达式的计算结果是8，因此在一行代码中使用此类的表达式是合法的。一旦将8赋值给m的工作完成，则m也将是一个合法的表达式。除了赋值运算符，还有许多可以用来形成一个表达式的其他运算符，例如算术运算符、逻辑运算符、比较运算符等。

2.4.2 运算符

用于操作数据的特定符号的集合叫运算符，运算符操作的数据叫操作数，运算符与操作数连接后的式子叫表达式，运算符也可以连接表达式构成更长的表达式。运算符可以连接不同数目的操作数，一元运算符可以应用于一个操作数，二元运算符可以用于两个操作数，三元运算符可以用于三个操作数。运算符可以连接不同数据类型的操作数，构成算术运算符、逻辑运算符、关系运算符。用于赋值的运算符叫赋值运算符，用于条件判断的运算符叫条件运算符（唯一的三元运算符）。下面详细介绍这些运算符。

1. 算术运算符

算术运算符可以进行加、减、乘、除和其他数学运算，如表2-3所示。

表2-3 算术运算符

算术运算符	描 述	算术运算符	描 述
+	加	/	除
-	减	++	递加 1
*	乘	--	递减 1
%	取模		

【示例2-4】 算术运算符与算术表达式示例，核心代码如下：

```
var x=56, y=5
document.write("x=", x,"  y=",y,"<br>");
document.write("x+y=", x+y, "<br>");
document.write("x/y=", x/y, "<br>");
document.write("x%y=", x%y, "<br>");
document.write("x/0=", x/0, "<br>");
document.write("x%0=", x%0, "<br>");
document.write("x++=", x++, "<br>");
document.write("++x=", ++x, "<br>");
document.write("x--=", x--, "<br>");
document.write("--x=", --x, "<br>");
document.write('"20"+2=', "20"+2, "<br>");
document.write('"20"-2=', "20"-2, "<br>");
```

运行代码，浏览页面，结果如图2-5所示。

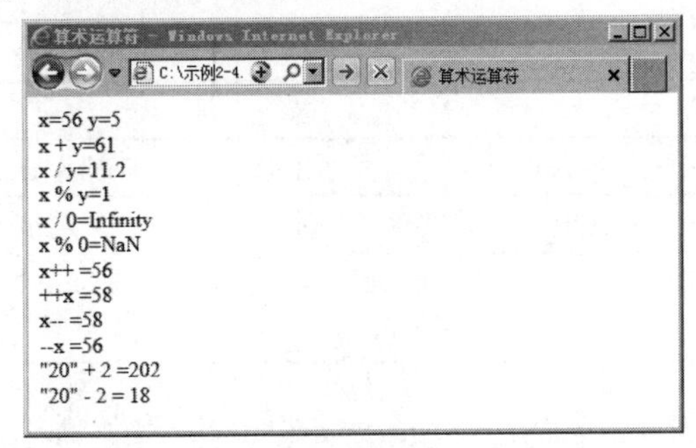

图2-5 算术运算符与算术表达式示例

> 注意:
>
> ① 除法运算符“/”、取余运算符“%”中第二个操作数不能为0。否则会出现不期望的结果。
>
> ② 自增运算符“++”有两种不同取值顺序的运算：x++是先取值，后自增；++x是先自增，后取值。自减运算符“--”与此相似。
>
> ③ 加法运算符“+”在字符串运算中可以作为连接运算符。如"x- ="+x-得到字符串类型值。
>
> ④ 减法运算符“-”、乘法运算符“*”、除法运算符“/”、取余运算符“%”只能用于数值型的表达式计算，如果不是则自动转换成数值型后再参与运算。

2. 比较运算符

比较运算符可以比较表达式的值。比较运算符的基本操作过程是：首先对操作数进行比较，然后返回一个布尔值true或者false。JavaScript中常用的比较运算符如表2-4所示。

表2-4 比较运算符

比较运算符	描　　述	比较运算符	描　　述
<	小于	>=	大于或等于
>	大于	==	等于
<=	小于或等于	!=	不等于
===	绝对等于	!==	不绝等于

绝对等于运算符“===”与不绝等于“!==”对数据类型的一致性要求严格。

【示例2-5】比较运算符示例，核心代码如下：

```
document.write("'34'==34: ", '34'==34, "<br>");
document.write("'34'===34: ", '34'===34, "<br>");
document.write("'34'!=34: ", '34'!=34, "<br>");
document.write("'34'!==34: ", '34'!==34, "<br>");
```

运行代码，浏览页面，结果如图2-6所示。

3. 逻辑运算符

逻辑运算符比较两个值，然后返回一个布尔值（true或false）。JavaScript中常用的逻辑运算符如表2-5所示。

表2-5 逻辑运算符

逻辑运算符	描　　述
&&	逻辑与，在形式 A&&B 中，只有当两个条件 A 和 B 都为 true 时，整个表达式才为 true
||	逻辑或，在形式 A||B 中，只要两个条件 A 和 B 有一个为 true，整个表达式就为 true
!	逻辑非，在! A 中，当 A 为 true 时，表达式的值为 false；当 A 为 false 时，表达式的值为 true

三个逻辑运算符优先级有细微差别，从高到低次序为!、&&、||。

【示例2-6】逻辑运算符示例，核心代码如下：

```
    document.write("24 < 25 || 24>4 && 24>56: ", 24 < 25 || 24 > 4 && 24 > 56,
"<br>");
    document.write(" !24 < 25: ", !24 < 25, "<br>");
    document.write(" !(24 < 25): ", !(24 < 25), "<br>");
    document.write(" !(24 < 25) || 24 > 4 && 24 > 56: ", !(24 < 25) || 24 > 4
 && 24 > 56, "<br>");
```

运行代码，浏览页面，结果如图2-7所示。

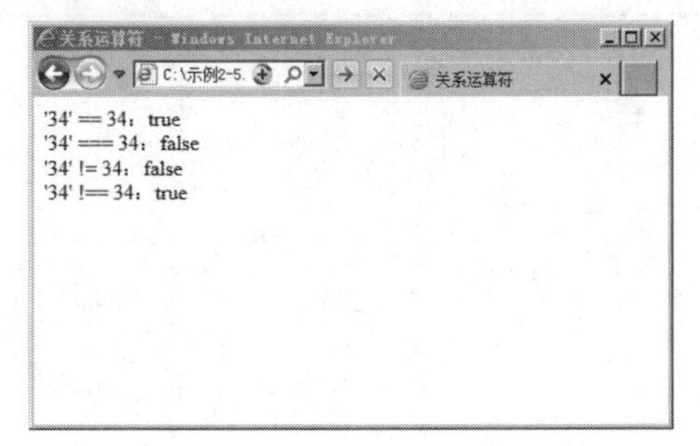

图2-6　比较运算符示例

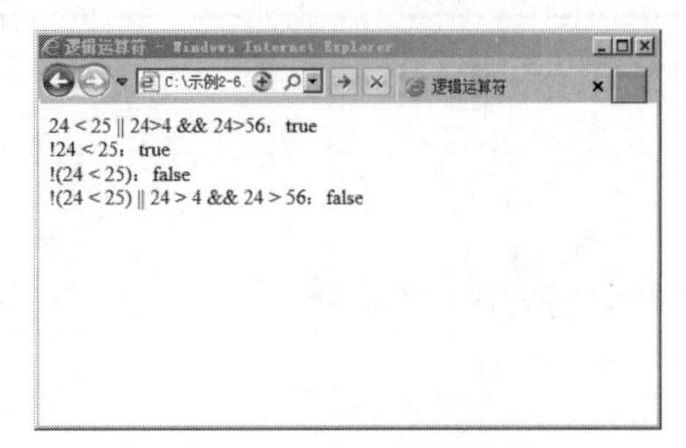

图2-7　逻辑运算符示例

说明：

① 24<25为true,“||”后面的表达式就不需计算了，这叫“短路计算”；同样，24>25为false,“&&”后面的表达式就不需计算了。

② !24<25表达式中，!24的运算优先级最高，它甚至高过了算术运算符、关系运算符。!24表达式值为false，在与25比较时又转换成数值型0，变成0<25，其结果为true。

③ !(24<25)表达式中用括号提高了24<25的运算优先级，表达式计算转换成!true，最终结果为false。

4．逗号运算符

逗号运算符可以连接几个表达式，表达式的值为最右边表达式的值。如表达式23,2+3,3*9结果为27。逗号运算符的运算优先级最低。

5．赋值运算符

赋值运算符不仅实现了赋值功能，由它构成的表达式也有一个值，值就是赋值运算符右边的表达式的值。赋值运算符的优先级很低，仅次于逗号运算符。

复合赋值运算符是运算与赋值两种运算的复合，先运算、后赋值，以简化程序的书写，提高运算效率。

JavaScript中常用赋值运算符如表2-6所示。

表2-6　赋值运算符

赋值运算符	描　　述
=	将右边表达式的值赋给左边的变量。例如 userpass="123456"
+=	将运算符左侧的变量加上右侧表达式的值赋给左侧的变量。m+=n，相当于 m=m+n
-=	将运算符左侧的变量减去右侧表达式的值赋给左侧的变量。m-=n，相当于 m=m-n

续表

赋值运算符	描　述
*=	将运算符左侧的变量乘以右侧表达式的值赋给左侧的变量。m*=n，相当于m=m*n
/=	将运算符左侧的变量除以右侧表达式的值赋给左侧的变量。m/=n，相当于m=m/n
%=	将运算符左侧的变量用右侧表达式的值求模。并将结果赋给左侧的变量。m%=n，相当于m=m%n

【示例2-7】赋值表达式，核心代码如下：

```
var x, y;
x=34;
y=38;
document.write("x=", x, "  y=", y, "<br>");
x=y=23;
document.write("x=", x, "  y=", y, "<br>");
x+=4+7;
document.write("x=", x, "<br>");
x=23;
document.write("x=", x, "<br>");
(x+=4)+7;
document.write("x=", x, "<br>");
```

运行代码，浏览页面，结果如图2-8所示。

6. 条件运算符

条件运算符是三元运算符，使用该运算符可以方便地由条件逻辑表达式的真假值得到各自对应的取值；或由一个值转换成另外两个值，使用条件运算符嵌套多个值。其格式如下：

```
操作数？结果1：结果2
```

如果操作数的值为true，则整个表达式的结果为结果1，否则为结果2。

【示例2-8】条件运算符，核心代码如下：

```
var sex=true;
document.write("sex=", sex, "<br>", " sex ? '男' : '女'=", sex ? '男' :
'女', "<br>");
sex = false;
document.write("sex=", sex, "<br>", "sex ? '男' : '女'=", sex ? '男' :
'女', "<br>");
var level=2;
document.write("level=", level, "<br>");
document.write(
level==1 ? "优" :
level==2 ? "良" :
level==3 ? "中" :
level==4 ? "及" :
"差", "<br>");
```

运行代码，浏览页面，结果如图2-9所示。

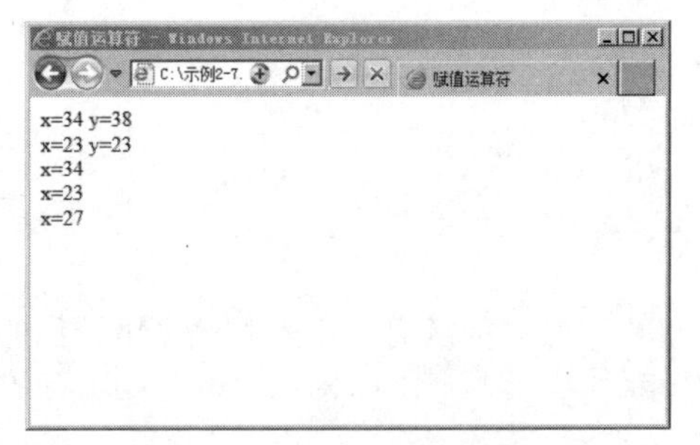

图2-8　赋值表达式示例

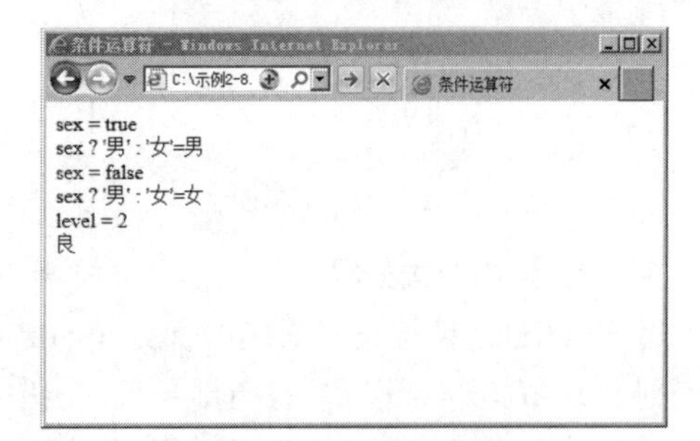

图2-9　条件运算符示例

说明：

① 条件运算符中条件部分若不是逻辑类型，则按“非零即真”的原则进行判断。

② 条件运算符嵌套时按“左结合性”计算。

③ 在编写语句时用多行表示一条复杂语句，会使语句结构清晰，增强程序的可读性。

7. 位操作运算符

位操作运算符分为两种：一种是普通运算符；另一种是位移运算符。在进行运算前，先将操作数转换为32位的二进制整数，然后进行相关运算，最后输出结果以十进制表示。位操作运算符对数值的位进行操作，如向左或向右位移等。JavaScript中常用的位操作运算符如表2-7所示。

表2-7　位操作运算符

位操作运算符	描　述	位操作运算符	描　述
&	与运算符	<<	左移
|	或运算符	>>	带符号右移
^	异或运算符	>>>	填 0 右移
~	非运算符		

8. typeof运算符

typeof运算符返回其操作数当前的数据类型。这对于判断一个变量是否已被定义特别有用。

例如，下面应用typeof运算符返回当前操作数的数据类型，代码如下：

```
typeof false
```

说明：typeof运算符用字符串返回类型信息。typeof运算符的返回值有6种：number、string、boolean、object、function和undefined。

9. new运算符

可以使用new运算符创建一个新对象，其语法格式如下：

```
new constructor[(arguments)]
```

constructor：必选项，对象的构造函数。如果构造函数没有参数，则可以省略圆括号。

arguments：可选项。任意传递给新对象构造函数的参数。

例如：

```
Array1=new Array();
Object2=new Object;
Data3=new Data("August 8 2013");
```

10. 运算符的优先级

JavaScript运算符具有明确的优先级与结合性。优先级较高的运算符将先于优先级较低的运算符进行运算。结合性是指具有同等优先级的运算符将按照怎样的顺序进行运算。结合性有向左结合和向右结合两种。例如，表达式x+y+z，向左结合就是先运算x+y，即(x+y)+z；向右结合则表示先运算y+z，即x+ (y+z)。JavaScript运算符的优先级及其结合性如表2-8所示。

表2-8 JavaScript运算符的优先级和结合性

<table>
<tr><th>优 先 级</th><th>结 合 性</th><th>运 算 符</th></tr>
<tr><td>最高</td><td>向左</td><td>[ ]、( )</td></tr>
<tr><td rowspan="15">优先级由高到低依次排列</td><td>向右</td><td>++、--、-、!、delete、new、typeof 、void</td></tr>
<tr><td>向左</td><td>*、/、%</td></tr>
<tr><td>向左</td><td>+、-</td></tr>
<tr><td>向左</td><td><<、>>、>>></td></tr>
<tr><td>向左</td><td><、<=、>、>=、in、instanceof</td></tr>
<tr><td>向左</td><td>==、!=、===、!==</td></tr>
<tr><td>向左</td><td>&</td></tr>
<tr><td>向左</td><td>^</td></tr>
<tr><td>向左</td><td>|</td></tr>
<tr><td>向左</td><td>&&</td></tr>
<tr><td>向左</td><td>||</td></tr>
<tr><td>向右</td><td>?:</td></tr>
<tr><td>向右</td><td>=</td></tr>
<tr><td>向右</td><td>*=、/=、%=、+=、-=、<<=、>>=、.>>>= 、&=、^=、|=</td></tr>
<tr><td>最低</td><td>向左</td><td>,</td></tr>
</table>

2.5 基本语句

2.5.1 注释语句

注释语句用于对程序进行注解，以便今后的维护和使用，程序在执行过程中将不会执行注释语句中的内容。JavaScript的注释语句分为单行注释和多行注释。

1. 单行注释语句

单行注释语句以双斜杠（//）开始一直到这行结束。例如：

```
var tel1="0517";                              //区号
var tel2="88888888";                          //电话号码
```

```
//显示电话号码
alert("电话号码是: " +tel1+tel2);
```

2. 多行注释语句

多行注释语句以“/*”开始一直到“*/”结束。例如:

```
/*
本程序用来计算学生 JavaScript 课程的考试成绩
其中 score1 为理论成绩
     score2 为实践成绩
*/
var score1=88;
var score2=82;
//显示学生课程的总成绩
alert("JavaScript 小王同学课程的总成绩是: "+ score1+ score2);
```

2.5.2 赋值语句

与其他计算机语言相似,赋值语句是JavaScript程序中最常用的语句。在一个程序中,往往需要大量的变量来存储程序中用到的数据,所以用来对变量进行赋值的赋值语句也就会在程序中大量出现。其实,大家在前面的示例中已经用到了赋值语句,其基本语法规则是变量名在左侧,等号(=)在中间,表达式在右侧,并且以分号(;)结束。格式如下:

```
变量名 = 表达式;
```

前面已经提到过,当使用关键字var声明变量时,也可以同时使用赋值语句对声明的变量进行赋值。例如,在下述示例中,当声明变量myaddress时直接将一个字符串赋值给了myaddress。

```
var myaddress=" 枚乘东路 3 号 ";
```

2.5.3 流程控制语句

结构化程序有三种基本结构,它们是顺序结构、分支结构和循环结构。编程语言都有程序控制结构语句,使用这些语句及其嵌套可以表示各种复杂算法。顺序结构比较简单。前面各实例都是顺序结构的程序。下面主要讲解分支结构和循环结构。

1. 分支结构

1)单分支结构

if语句是最基本、最平常的分支结构语句。if语句的单分支结构语法格式如下:

语法格式1:

```
if(条件表达式)语句
```

语法格式2:

```
if(条件表达式){
    语句块
}
```

2)双分支结构

语法格式1:

```
if(条件表达式)  语句 1
else 语句 2
```

语法格式2：

```
if(条件表达式){
    语句块1
}else{
    语句块2
}
```

3）多分支语句

可以使用if...else语句嵌套实现，也可以用switch语句实现。下面介绍switch语句。

switch语句的结构如下：

```
switch(表达式){
    case 值1:
       语句块1
       break;
    case 值2:
       语句块2
       break;
    ...
    case 值n:
       语句块n
       break;
    default:
       语句块n+1
       break;
 }
```

【示例2-9】 分支结构的使用，程序如下：

```
var sex;
//单分支
sex=false;
document.write("sex=", sex, "<br>");
var sex_name="女";
if(sex)
    sex_name="男";
document.write(sex_name, "<br>");
sex=true;
document.write("sex=", sex, "<br>");
//双分支
if(sex)
    document.write("男", "<br>");
else
    document.write("女", "<br>");
//多分支
var month;
month = 11;
document.write("month="+hour+ "<br>");
switch (hour) {
    case 1: case 3: case 5: case 7: case 8:case 10: case 10:
        document.write("有31天");
        break;
    case 2: case 4: case 6: case 9: case 11:
        document.write("有30天");
        break;
```

```
    default:
        document.write("有28天");
        break;
}
document.write(hello);
```

运行代码，浏览页面，结果如图2-10所示。

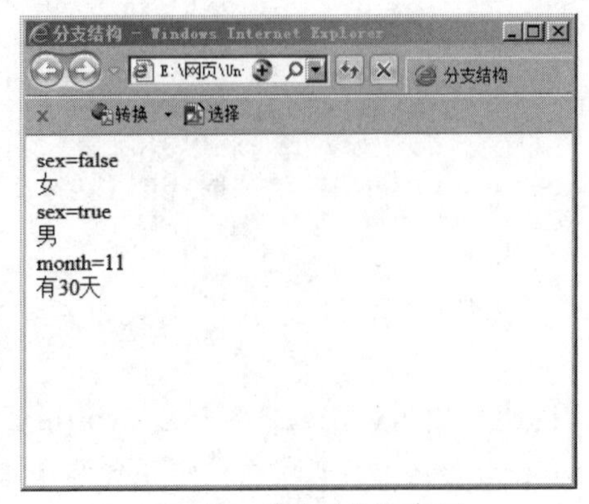

图2-10　分支结构的示例

说明：

① 双分支可以转变成单分支。先设置一个分支的值，再判断另一个分支的条件是否满足。

② 多分支的switch语句中，如果几个分支使用共同的语句，可以将它们合并在一起，使用一段语句块。

③ switch语句中的break语句的作用是分支从此退出，以免执行后续语句。大家试着查看运行删除语句break后的执行结果。

2. 循环结构

（1）循环结构的三个要素。

① 循环初始化，设置循环变量初值。

② 循环控制，设置继续循环进行的条件。

③ 循环体，重复执行的语句块。

（2）当循环结构。当循环结构while语句格式如下：

```
while(条件表达式){
  语句块
}
```

（3）直到循环结构。直到循环结构do...while语句格式如下：

```
do{
  语句块
} while(条件表达式);
```

（4）计数循环结构。计数循环结构 for语句格式如下：

```
for(var i=0;i<length;i++){
  语句块
}
```

（5）枚举循环结构。枚举循环结构for...in语句格式如下：

```
for(var i=0 in array){
  语句块
}
```

【示例2-10】循环结构的使用，核心代码如下：

```
<script language="javascript">
    document.write("======while循环======", "<br>");
    var i=0;
    while(i<3) {
        document.write("循环结构演示1：", i, "<br>");
```

```
        i++;
    }
    document.write("======do-while 循环 ====", "<br>");
    i=0;
    do {
        document.write(" 循环结构演示 2: ", i, "<br>");
        i++;
    } while(i<3);
    document.write("======for 循环 =======", "<br>");
    for(var i=0; i<3; i++) {
        document.write(" 循环结构演示 3: ", i, "<br>");
    }
</script>
```

运行代码，浏览页面，结果如图2-11所示。

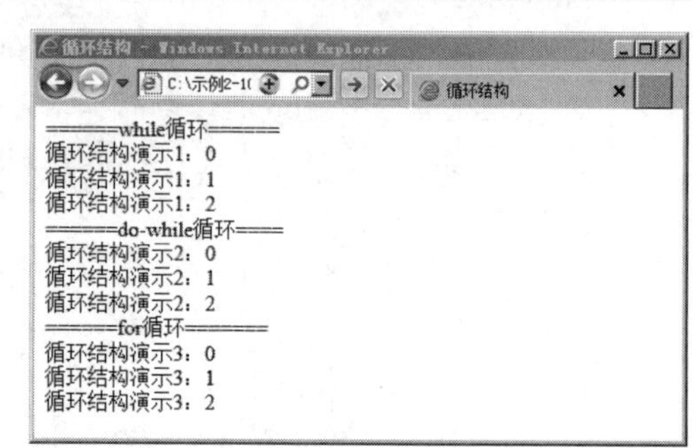

图2-11　循环结构示例

说明：使用while语句或do...while语句以及for...in语句时，一定要注意不要遗漏循环初始化部分。使用for语句特别是for...in语句，要比while语句或do...while语句简单一些。

（6）continue语句。continue语句只用在循环语句中，控制循环体满足一定条件时提前退出本次循环，继续下次循环。

（7）break语句。break语句在循环语句中，控制循环体满足一定条件时提前退出循环，不再继续该循环。

continue语句和break语句一般都用在循环体内的分支语句中，如果不使用分支语句，则这些语句是没有意义的。

2.6　实例：JavaScript语言基础

2.6.1　学习目标

（1）掌握JavaScript语言变量与运算符的使用。

（2）掌握JavaScript语言基本语句的使用。

2.6.2　实例介绍

编写一个JavaScript程序，通过三目运算符来返回用户输入的年份是否为闰年，输入界面如图2-12所示，判断结果如图2-13所示。

图2-12　输入一个4位年份

图2-13　判断结果

2.6.3 实施过程

（1）编写一个基本的HTML代码。

```
<html>
    <head>
        <title>闰年</title>
    </head>
    <body>
    </body>
</html>
```

（2）在<body>…</body>标签中编写相应代码，首先通过prompt()获取4位数，然后通过三目运算符来判断是否为闰年。

代码如下：

```
<script language="javascript">
    var years,result;
    years=prompt("请输入一个四位数？","2000");
    result=(years%4==0 && years%100!=0) || (years%400==0) ? years+"是闰年" :
years+"不是闰年";
    alert("判断结果"+result);
</script>
```

（3）为了保证每次输入的都有数据，建议进行非空判断，添加代码：

```
while(years==""){
     alert("您的输入不能为空，请重新输入!");
     years=prompt("请输入一个四位数？","");
}
```

2.6.4 实例拓展

如果将题目修改为判断“输入年份的230年后是否为闰年？”那么程序修改为：

```
years=prompt("请输入一个四位数","2000");
years=years+230;
```

此时运行结果不是2000+230为2230年，而是2000230，界面如图2-14所示。

原因分析：

语句：

```
prompt("请输入一个四位数？","2000");
```

虽然用户输入的是数字2000，但prompt()返回的是输入的字符串，也就是“2000”，所以语句z=x+y的变量x是整型，y是字符串类型，上述语句相当于；

图2-14 判断结果

```
z="2000"+"230"
```

所以出现了2000230的结果。

如何改进呢？JavaScript中有parseInt()和parseFloat()两个函数，它们可以将字符串转换为整型或浮点型数字。例如，parseInt("68")将字符串"68"转换为数值型68，parseFloat("36.86")将字符串"36.86"转换为浮点值36.86.。代码修改该后如下：

```
years=parseInt(years)+230;
```

如果parseFloat()函数发现一个字符，而不是符号数字（0～9）、小数点或指数，则它将忽略该字符和紧跟在其后的所有其他字符。如果无法转换第一个字符，则此函数将返回NaN（Not a Number，非数字），请读者自行测试。

习　题

1. 创建对象使用的关键字是（　　）。

A. function　　B. new　　C. var　　D. String

2. 写“Hello World”的正确JavaScript语法是（　　）。

A. document.write("Hello World")　　B. "Hello World"

C. response.write("Hello World")　　D. ("Hello World")

3. 下列JavaScript的判断语句中（　　）是正确的。

A. if(i==0)　　B. if(i=0)　　C. if i==0 then　　D. if i=0 then

4. 下列JavaScript的循环语句中（　　）是正确的。

A. for(i<10;i++)　　B. for(i=0;i<10)

C. for i=1 to 10　　D. for(i=0;i<=10;i++)

5. 下列表达式中返回假的是（　　）。

A. !(3<=1)　　B. (4>=4)&&(5<=2)

C. ("a"=="a")&&("c"!="d")　　D. (2<3)||(3<2)

6. 有语句“var x=0;while____x+=2;”，要使while循环体执行10次，下画线处的循环判定式应写为（　　）。

A. x<10　　B. x<=10　　C. x<20　　D. x<=20

7. 以下JavaScript语句将显示（　　）。

```
var a1=10;
var a2=20;
alert("a1+a2="+a1+a2)
```

A. a1+a2=30　　B. a1+a2=1020

C. a1+a2=a1+a2　　D. "a1+a2="+a1+a2

8. 以下不属于JavaScript保留字的是（　　）。

A. with　　B. parent　　C. class　　D. void

第 3 章　函数及其应用

3.1　函数的定义

函数为程序设计人员提供了方便。在进行复杂的程序设计时，通常是根据所要完成的功能，将程序划分为一些相对独立的部分，每部分编写一个函数，从而使各部分充分独立，任务单一，程序清晰、易懂、易读、易维护。

函数是拥有名字的一系列JavaScript语句的有效组合。只要这个函数被调用，就意味着这一系列JavaScript语句按顺序被解释执行。一个函数可以有自己的在函数内使用的参数。

函数还可以用来将JavaScript语句同一个Web页面相连接。用户的任何一个交互动作都会引发一个事件，通过适当的HTML标记，可以间接地引起一个函数的调用。这样的调用也称事件处理。

定义一个函数和调用一个函数是两个截然不同的概念。定义一个函数只是让浏览器知道有这样一个函数；而只有在函数被调用时，其代码才真正被执行。函数与其他JavaScript一样，必须位于<script></script>标记之间或扩展名为.js的文件中，函数的基本语法如下：

```
<script language= " javascript " >
    function 函数名称 ( 参数表 ){
        函数执行部分 ;
        [return 表达式 ;]
    }
</script>
```

语法解释：return语句指明由函数返回的值，根据程序员的需要确定是否需要返回值，需要就加上return 表达式，不需要则可以不加。return语句是函数内部和外部相互交流和通信的唯一途径。

【示例3-1】 打印九九乘法表，代码如下：

```
<script language="javascript">
    function multiplication (){
        for(var i=1;i<=9;i++){
            for(var j=1;j<=i;j++)
                document.write(i+"*"+j+"="+i*j+" ");
            document.write("<br>");
        }
    }
</script>
```

【示例3-2】13+33+53+…+213，代码如下：

```
<script language="javascript">
    function  sum(){
      int result=0;
      for(var i=13;i<=213;i+=20)
        result+=i;
      return result;
    }
</script>
```

3.2 函数的调用

函数定义后并不会自动执行，要执行一个函数需要在特定的位置调用该函数，调用函数需要创建语句，调用语句包含函数名称和参数具体值。

3.2.1 函数的简单调用

函数的定义通常被放在HTML文件中的<head>标记中，而函数的调用语句通常被放在<body>标记中，如果在函数定义之前调用函数，程序执行将会出错。

函数调用的语法格式如下：

```
<html>
    <head>
    <script language="javascript">
        function 函数名称(参数列表){
            函数执行部分;
        }
          函数名称(实数列表);                    //作为一条独立的语句
    </script>
    </head>
    <body>
    </body>
</html>
```

说明：函数的参数分为形式参数和实际参数两种，其中形式参数为函数赋予的参数，代表函数的位置和类型，系统并不为形参分配相应的存储空间。调用函数时传递给函数的参数称为实际参数，实际参数通常在调用函数之前就已经分配了内存，并赋予了实际的数据，在函数的执行过程中，实际参数参与了函数的运行。

在定义函数时，在函数名后面的圆括号内可以指定一个或多个参数（参数之间用逗号“,”分隔）。指定参数的作用在于，调用函数时可以为被调用的函数传递一个或多个参数。

定义函数时指定的参数称为形式参数，简称形参；函数调用时实际传递的值称为实际参数，简称实参。

通常，在定义函数时使用了多少个形参，在函数调用时也必须给出多少个实参；实参也需要使用逗号“,”分隔。

【示例3-3】函数的简单调用，代码如下：

```
<html>
    <head>
        <title>函数的简单调用</title>
        <script language="javascript">
        function displayTaggedText(tag,text)
        {
            document.write("<"+tag+">");
            document.write(text);
            document.write("</"+tag+">");
        }
        displayTaggedText("H1","这是一级标题");
        displayTaggedText("p","这是段落标签");

        </script>
    </head>
    <body>
    </body>
</html>
```

程序运行结果如图3-1所示。

在上述代码中，调用函数的语句将字符串"H1"和"这是一级标题"分别赋给了变量tag和text；也将字符串"P"和"这是段落标记"分别赋给了变量tag和text。

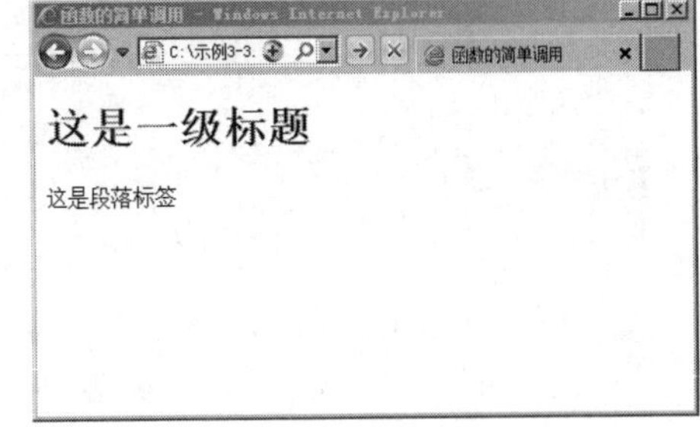

图3-1　函数的简单调用

3.2.2　在事件响应中调用函数

当用户单击某个按钮或某个复选框时都将触发事件，通过编写程序对事件做出反应的行为称为响应事件。在JavaScript语言中，将函数与事件相关联就完成了响应事件的过程。例如，当用户单击某个按钮时，与此事件相关联的函数将被执行。

函数的事件调用一般和表单元素的事件一起使用，调用格式为：事件名="函数名"。下面通过示例3-4学习在事件响应中调用函数的方法。

【示例3-4】在事件响应中调用函数，代码如下：

```
<html>
    <head>
        <title>在事件响应中调用函数</title>
        <script language="javascript">
          function compute(op) {
              var num1,num2;
              num1=document.myform.num1.value;
              num2=document.myform.num2.value;
              if(op=="+")
                  document.myform.result.value=num1+num2;
              if(op=="-")
                  document.myform.result.value=num1-num2;
              if(op=="*")
                  document.myform.result.value=num1*num2;
              if(op=="/"  &&  num2!=0)
                  document.myform.result.value=num1/num2;
          }
```

```
        </script>
    </head>
    <body>
        <form action="" method="post" name="myform" id="myform">
          <p>第一个数<input name="num1" type="text" id="num1" size="25"> <br>
              第二个数 <input name="num2" type="text" id="num2" size="25"> </p>
          <p>
            <input name="addButton" type="button" value="+" onClick=
"compute('+')">
            <input name="subButton" type="button" value="-" onClick=
"compute('-')">
            <input name="mulButton" type="button" value="×" onClick=
"compute('*')">
            <input name="divButton" type="button" value="÷" onClick=
"compute('/')">
          </ p >
          < p >计算结果 <input name="result" type="text" id="result" size=
"25"> </p>
        </form>
    </body>
</html>
```

程序运行结果如图3-2所示。

上述代码首先定义了一个名为compute(op)的函数，该函数通过参数op判断进行什么运算。然后定义了加、减、乘、除4个按钮，每个按钮都调用了compute(op)函数调用的方法如下：

```
<input name="addButton" type="button"
value="+" onClick="compute('+')">
```

在程序中，获取表单数据的方法如下：

```
document.表单名.表单元素名.value
```

图3-2　在事件响应中调用函数

例如，获取“第一个数”文本框中填写的数据，然后赋给变量x的代码为：

```
x=document.calc.num1.value;
```

3.2.3　通过链接调用函数

函数除了可以在响应事件中调用之外，还可以在链接中调用。在<a>标记中的href标记使用JavaScript关键字调用函数，当用户单击链接时，相关函数将被执行。

【示例3–5】通过链接调用函数，代码如下：

```
<a href="javascript:compute('+');">相加</a>
<a href="javascript:compute('-');">相减</a>
<a href="javascript:compute('*');">相乘</a>
<a href="javascript:compute('/');">相除</a>
```

单击链接后浏览效果与图3-2相似。

3.3 使用函数返回值

有时需要在函数中返回一个数值在其他函数中使用，为了能给变量返回一个值，可以在函数中添加一个return语句，将需要返回的值赋予变量，然后将此变量返回。

使用函数返回值的语法格式如下：

```
<script language="javascript">
function 函数名称(参数表){
  函数执行部分;
  return 表达式;
}
</script>
```

注意：返回值在调用函数时不是必须定义的。

【示例3-6】使用函数返回值，代码如下：

```
<head>
   <script language="javascript" >
        function compute(x,y,op) {
            var results=0;
            if(op=="+")
               results=x+y;
            if(op=="-")
               results=x-y;
            if(op=="*")
               results=x*y;
            if(op=="/"  &&  y!=0)
               results=x/y;
            return results;
         }
      var results;
      results=compute(20,30,'+');
      document.write(results);

   </script>
</head>
<body>
</body>
```

3.4 函数的嵌套

所谓嵌套函数即在函数内部再定义一个函数，这样可以轻松获得外部函数的参数以及函数的全局变量等。下面通过示例3-7学习函数的嵌套。

【示例3-7】计算嵌套函数中全局变量与外部函数参数的和，代码如下：

```
<head>
    <title>函数的嵌套应用</title>
    <script language="JavaScript" >
    //函数的声明
```

```
        function add(x,y) {
            var outter=10;
            function innerAdd() {
                alert("三个参数之和："+(x+y+outter));
            }
            return innerAdd();
        }
        //函数的调用
        add(20,30);
        </script>
    </head>
    <body>
    </body>
```

程序运行结果如图3-3所示。

内部函数innerAdd()获取了外部函数的参数x和y以及全局变量outter的值，然后在内部类中将这三个变量相加，并返回这三个变量的和，最后在外部函数中调用内部函数。

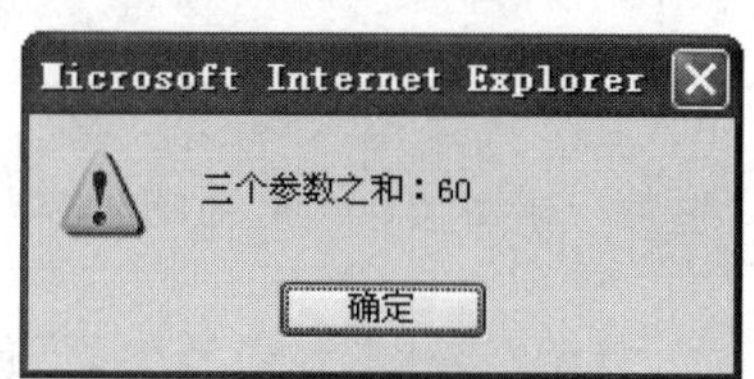

图3-3 嵌套函数的应用

3.5 内置函数

在使用JavaScript语言时，除了可以自定义函数之外，还可以使用JavaScript的内置函数（又叫系统函数），这些函数都是JavaScript语言自身提供的。

JavaScript中的内置函数如表3-1所示。

表3-1 JavaScript中的内置函数

函　数	说　明
eval()	求字符串中表达式的值
isFinite()	判断一个数值是否为无穷大
isNaN()	判断一个数值是否为 NaN
parseInt()	将字符型转化为整型
parseFloat()	将字符型转化为浮点型
encodeURI()	将字符串转化为有效的 URL
decodeURI()	对 encodeURI() 编码的文本进行解码

下面对这些内置函数进行详细介绍。

（1）parseInt()函数。该函数用于将首位为数字的字符串转换为数字，如果字符串不是以数字开头，则将返回NaN。其语法格式如下：

```
parseInt(StringNum,[n])
```

StringNum为需要转化为整型的字符串。

n表示在2～36之间的数字，表示所保存数字的进制数。这个参数在函数中不是必需的。

（2）parseFloat()函数。该函数用于将首位为数字的字符串转化为浮点型数字，如果字符串不是以数字开头，则将返回NaN。其语法格式如下：

```
parseFloat(StringNum)
```

StringNum为需要转化为整型的字符串。

（3）isNaN()函数。该函数主要用于检验某个值是否为NaN（not a number，即不是一个数字）。其语法格式如下：

```
isNaN(Num)
```

Num为需要验证的数字。如果参数Num为NaN，则函数返回值为true；如果参数Num不为NaN，则函数返回false。

（4）isFinite()函数。该函数主要用于检验某个表达式是否为无穷大。其语法格式如下：

```
isFinite(Num)
```

Num为需要验证的数字。如果参数Num为无穷大，则函数返回值为true；如果参数Num不为无穷大，则函数返回false。

（5）encodeURI()函数。该函数主要用于返回一个URI字符串编码后的结果。其语法格式如下：

```
encodeURI(url)
```

url为需要转化为网路资源地址的字符串。

URI与URL都可以表示网络资源地址，URI比URL的表示范围更广泛，但在一般情况下URI与URL是等同的。encodeURI()函数只对字符串中有意义的字符进行转义。例如，将字符串中空格转化为20%。

（6）decodeURI()函数。该函数主要用于将已编码的URI的字符串解码成最初的字符串并返回。其语法格式如下：

```
decodeURI(url)
```

url为需要解码的网络资源地址。

此函数可以将使用encodeURI()转码的网络资源地址转换为字符串并返回，即decodeURI()函数的逆向操作。

3.6　实例：函数的定义与调用

3.6.1　学习目标

（1）综合运用JavaScript基本语句。

（2）掌握函数的定义与调用。

3.6.2　实例介绍

图3-4所示为玩具直升飞机在线订购页面。

静态页面代码如下：

```
<html>
    <head>
        <title>玩具直升飞机在线订购！ </title>
    </head>
    <body>
        <form name="calc">
```

图3-4　玩具直升飞机在线订购页面

```
            <p>
                <font size="4">玩具直升飞机在线订购！</font><br>
                <img src="images/plane.jpg" width="176" height="91"><br>
                购买价格：<input name="num1" type="text" value="180" size="15"> <br>
                购买数量：<input name="num2" type ="text" size="15"> <br>
                预计总价：<input name="result" type ="text" size="15">
            </p>
            <p><input name="getAnswer" type ="button" value="计算看看"></p>
        </form>
    </body>
</html>
```

实现以下功能：当用户输入购买数量后，单击“计算看看”按钮后，计算总价值后，弹出提示窗口显示赠送信息，如果购买总值在500～1 000元时赠送螺旋桨一套，购买总值在1 000～2 000元时赠送螺旋桨两套，当购买总值大于2 000元时送螺旋桨三套。

3.6.3 实施过程

根据实例界面与要求，实施过程可以分为以下4步。

（1）定义与调用函数，在<head>标签内定义函数calcu()，同时给按钮添加事件调用函数calcu()。

函数定义如下：

```
<head>
    function calcu(){
    }
</head>
```

使用按钮的onClick事件调用calcu()函数。

```
<input name="getAnswer" type ="button"  onClick="calcu()"  value="计算看看">
</p><
```

（2）在calcu()函数中获取购买价格num1与购买数量num2内的值，然后判断不能为空，而且要大于零。

代码如下：

```
function calcu(){
    //获取价格与数量的数值
    var numb1=document.calc.num1.value;
    var numb2=document.calc.num2.value;
    //判断价格与数量文本框是否为空
    if((numb1!="") && (numb2!=""))
     {
      if(parseFloat(numb1)<0)
      {
        alert("价格不能小于零！\n请重填");
        return;
      }
    }
    else
      alert("购买数量或购买价格没有填写\n请重新输入！");
```

（3）计算总值，然后通过判断语句判断客户将享受什么样的赠送。

代码如下：

```
var total=parseFloat(numb1)*parseFloat(numb2);
document.calc.result.value=total;
if((total>500) &&(total<=1000))
      alert("购买总价超过500\n支付时将赠送螺旋桨一套！");
if((total>1000) &&(total<=2000))
      alert("购买总价超过1000\n支付时将赠送螺旋桨两套！");
if((total>2000))
      alert("购买总价超过2000\n支付时将赠送螺旋桨三套！");
```

说明：

① document.calc.num1.value为获取购买价格文本框表单元素的值。

② parseFloat(numb1)表示为购买价格文本框表单元素的值进行浮点型转换。

（4）在购买数量中输入8，然后单击“计算看看”按钮，进行测试，界面如图3-5所示。

图3-5 玩具直升飞机在线订购功能测试

3.6.4 实例拓展

在玩具直升飞机在线订购页面的基础上，假设增加一项“支付方式”下拉列表框，设置不同的支付方式将享受不同的优惠打折。假定规则如下：

银行转账——打6折；

电话支付——打7折；

邮政汇款——打8折；

现金支付——打9折。

可以通过switch语句来实现。

（1）添加下拉列表框：

```
<select name="pay" >
   < option value="">--请选择支付方式--</ option >
   < option value="1">银行转账</ option >
   < option value="2">电话支付</ option >
   < option value="3">邮政汇款</ option >
   < option value="4">现金支付</option>
</select>
```

（2）获取下拉列表框pay的值，然后使用switch语句判断客户享受几折优惠。核心代码如下：

```
var m=document.calc.pay.value;
switch(parseInt(m))
{
   case 1:
      grade=0.6;  //打6折优惠
      break;
   case 2:
      grade=0.7;  //打7折优惠
      break;
   case 3:
      grade=0.8;  //打8折优惠
      break;
   case 4:
      grade=0.9;  //打9折优惠
      break;
   default:
     alert("请重新选择支付方式！");
     return;
}
var money=total*grade;
document.calc.result.value=money;
alert("您享受了"+grade*10+"折优惠！");
```

改进后的完整代码详见拓展文件夹中的页面文件。

习　题

1. 在JavaScript函数的格式中，下列各组成部分中（　　）是可以省略的。
   A. 函数名　　B. 指明函数的一对圆括号()
   C. 函数体　　D. 函数参数
2. 如果有函数定义function f(x,y){...}，那么以下正确的函数调用是（　　）。
   A. f1,2。　　B. (1)
   C. f(1,2)　　D. f(,2)
3. 定义函数时，在函数名后面的圆括号内可以指定（　　）参数。
   A. 0个　　B. 1个
   C. 2个　　D. 任意个
4. 参数之间必须用（　　）分隔。
   A. 逗号　　B. 句号
   C. 分号　　D. 空格

第4章 常用内置对象

4.1 数组对象

数组（Array）是用来存储和操作一批具有相同类型数据的集合。数组是对象类型，有多种预定义的方法以方便程序员使用。

4.1.1 新建数组

使用数组之前，首先要用关键字new新建一个数组对象。根据需要，可以用下述三种方法新建数组。

（1）新建一个长度为零的数组。语法规则如下：

```
var 变量名=new Array( );
```

例如：

```
var myArray=new Array( );
```

（2）新建一个指定长度为n的数组。语法规则如下：

```
var 变量名=new Array(n);
```

例如：

```
var myArray=new Array(6);
```

（3）新建一个指定长度的数组。语法规则如下：

```
var 变量名=new Array(元素1,元素2,元素3,…);
```

例如：

```
var myColor=new Array("红色","绿色", "蓝色");
```

4.1.2 引用数组元素

JavaScript中数组元素的序列通过下标来识别的。这个下标序列从0开始计算，例如长度为6的数字，其元素序列为0～5。

通过数组的下标可以引用数组元素，为数组元素赋值，其语法规则如下：

```
数组变量[i]=值;
```

取值的语法规则如下：

```
变量名 = 数组变量 [i];
```

例如：

```
myColor[0]= "红色";
myColor[1]= "绿色";
var carcolor=myColor[0];
```

在创建数组时，可以直接为数组元素赋值，例如：

```
var myColor;
myColor =new Array ("红色","绿色","蓝色","黄色");
```

也可以分别为数组元素赋值，如图4-1所示。

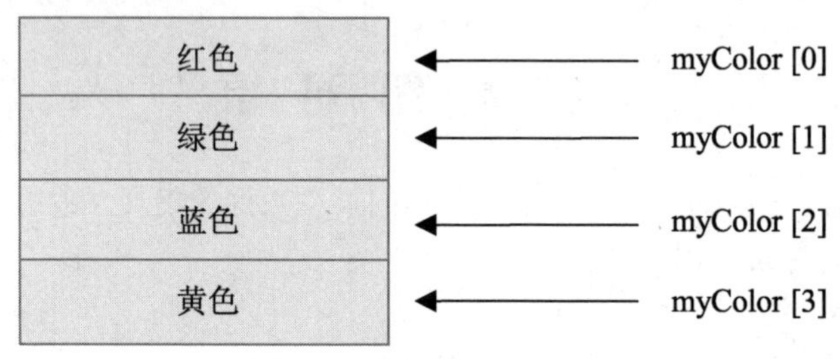

图4-1　数组赋值示意图

4.1.3　动态数组

JavaScript数组的长度是固定不变的，例如要增加数组的长度，只要直接赋值一个新元素就可以了。

```
数组变量 [ 数组变量.长度 ] = 值 ;
```

例如，有一个长度为3的数组myColor，那么，下述语句将使该数组的长度为4。

```
myColor[4]= "黄色";
```

或：

```
myColor[myColor.length]= "黄色";
```

4.1.4　数组对象的常用属性与方法

Array只有一个属性，就是length。length表示的是数组所占内存空间的数目，而不仅仅是数组中元素的个数。改变数组的长度可以扩展或者截取所占内存空间的数目。

假设定义以下数组：

```
var a1=new Array("a","b","c");
var a2=new Array("y","x","z");
```

则数组的常用方法示例如表4-1所示。

表4-1　数组的常用方法示例

方法名称	意　义	示　例
toString()	把数组转换成一个字符串	var s=a1.toString() 结果 s 为 a,b,c

续表

方法名称	意　义	示　例
join(分隔符)	把数组转换成一个用符号连接的字符串	var s=a1.join("+") 结果 s 为 a+b+c
shift()	将数组头部的第一个元素移出	var s=a1.shift() 结果 s 为 a
unshift()	在数组的头部插入一个元素	a1.unshift("m","n") 结果 a1 中为 m,n,a,b,c
pop()	从数组尾部删除一个元素	var s=a1.pop() 结果 s 为 c
push()	把一个元素添加到数组的尾部	var s=a1.push("m","n") 结果 a1 为 a,b,c,m,n 同时 s 为 5
concat()	合并数组	a1.concat(a2) 结果 a1 为数组 a,b,c,y,x,z
slice()	返回数组的部分	var s=a1.slice (1,3) 结果 s 为 b,c
splice()	插入、删除或者替换一个数组元素	a1.splice(1,2) 结果 a1 为 a
sort()	对数组进行排序操作	a2.sort() 结果为 x,y,z
reverse()	将数组反向排序	a2. reverse() 结果为 z,y, x

【示例4-1】数组元素的引用与属性、方法的使用，核心代码如下：

```
<script language="javascript">
    var menus = new Array("1 网站首页 ", "3 专业建设 ", "2 师资队伍 ", "4 教学改革 ");
    document.write("======while 循环语句显示数组数据 ======", "<br>");
    var i=0;
    while(i<menus.length) {
        document.write("menus["+i+"]="+menus[i]+"<br>");
        i++;
    }
    menus.sort();
    document.write(menus+"<br>");
    menus.reverse();
    document.write(menus+"<br>");
    menus.push("5 教学管理 ","6 改革创新 ");
    document.write(menus);
    </script>
```

运行代码，浏览页面效果如图4-2所示。

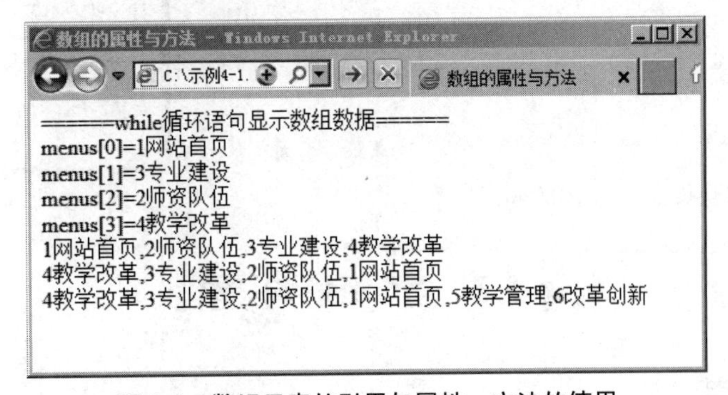

图4-2　数组元素的引用与属性、方法的使用

读者可以自行使用for、do...while语句和for...in语句实现数据显示。

4.1.5 二维数组

严格上说，JavaScript是没有二维数组，所以JavaScript中不能直接声明二维数组。而现实中有时需要用二维来表示，因此JavaScript二维数组的定义是在一维数组基础上再定义一个一维数组，即当一维数组的元素又都是一维数组时，就形成了二维数组。例如：

```
var submenus=new Array();
submenus[0]=[];
submenus[1]=["建设目标","建设思路","培养队伍"];
submenus[2]=["负责人","队伍结构","任课教师","教学管理","合作办学"];
```

以上的代码也可以表示为下列等价代码：

```
var submenus=new Array(
  new Array(),
  new Array("建设目标","建设思路","培养队伍"),
  new Array("负责人","队伍结构","任课教师","教学管理","合作办学")
);
```

以上代码还可以写为：

```
var submenus=[[] ,["建设目标","建设思路","培养队伍"], ["负责人","队伍结构","任课教师","教学管理","合作办学"]];
```

可以通过数组名和下标访问数组元素。二维数组的元素必须使用数组名和两个下标来访问，第一个为行下标，第二个为列下标。格式为：

```
二维数组名[行下标][列下标]
```

数组元素的下标不能出界，否则会显示undefined（空值）。

【示例4-2】二维数组的数据访问，代码如下：

```
<script language="javascript">
    var submenus=new Array();
    submenus[0]=[];
    submenus[1]=["建设目标", "建设思路",
"培养队伍"];
    submenus[2]=["负责人", "队伍结构",
"任课教师"];
    for(var i = 0; i < submenus.length; i++) {
     document.write("============<br />");
     document.write(submenus[i][0] + "<br />");
     document.write(submenus[i][1] + "<br />");
     document.write(submenus[i][2] + "<br />");
    }
</script>
```

运行代码，浏览页面效果如图4-3所示。

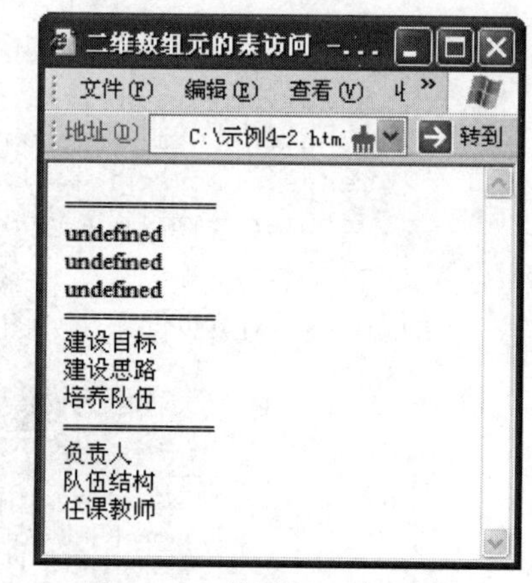

图4-3 二维数组元素的访问

4.2 字串对象

4.2.1 使用字串对象

字串（String）对象是JavaScript最常用的内置对象，当使用字串对象时，并不一定需要用关键字new。任何一个变量，如果它的值是字串，那么，该变量就是一个字串对象。因此，下述两种方法产生的字串变量效果是一样的。

```
var mystring="this sample too easy! ";
var mystring=new String("this sample too easy! ");
```

4.2.2 字串相加

字串中最常用的操作是字串相加，前面在介绍运算符号时已经提到过，只要直接使用加号“+”就可以了，因此当“+”两端至少有一个是字符串时，则其作为连接符；若均为数值则为算术运算符加。例如：

```
var mystring="this sample"+" too easy! ";
```

也可以使用“+=”进行连续相加，即：

```
mystring+="<br>";
```

等效于：

```
mystring= mystring+"<br>";
```

如果字串与变量或者数字相加，则需要考虑字串与整数、浮点数之间的转换。

如果要将字串转换为整数或浮点数，只要使用函数parseInt(s,b)或parseFloat(s)就可以了，其中s表示所要转换的字串，b表示要转换成几进制的整数。

例如：

```
var x=600;
var y="100" ;
var z;
z=x+y;
```

变量x是整型，y是字符串类型，上述语句相当于：

```
z="600"+"100"
```

所以会出现了600100的结果，而不是700。所以代码应修改为：

```
z=x+parseFloat(y);
```

4.2.3 在字串中使用单引号、双引号及其他特殊字符

JavaScript的字符串既可以使用单引号，也可以使用双引号，但是前后必须一致。前后不一致则会导致运算时出错：

```
var mystring='this sample too easy! ";
```

如果字串中需要加入引号，可以使用与字串的引号不同的引号，例如：

```
var mystring='this sample too "easy "! ';
```

也可以使用反斜杠“\”，例如：

```
var mystring= "this sample too \"easy! \"";
```

如果要在字串中加入回车符，可以使用“\n”。

【示例4-3】字串中引号其他符号的使用，代码如下：

```
<script language="javascript">
```

```
    var errorMessage="\"Username\" is invalid \n";
    errorMessage+="\"Userpassword\" is invalid ";
    alert(errorMessage);
</script>
```

运行代码，浏览页面效果如图4-4所示。

图4-4 数组元素的访问

4.2.4 比较字串是否相等

比较两个字串是否相等，只要直接使用逻辑比较符“==”就可以了。例如，下述的函数用于判断字串变量是否为null或空字串，如果是，则返回true；否则，返回false。

```
function isEmpty (inputString) {
    if(inputString==null || inputString== "")
        return true;
    else
        return false;
}
```

4.2.5 串对象的属性与方法

字符串对象调用属性的规则如下：

```
字串对象名.字串属性名
```

字符串对象调用方法的规则如下：

```
字串对象名.字串方法名（参数1，参数2,…)
```

表4-2所示为String对象属性与方法。以字串var myString="this sample too easy！"为例，其中字串对象的“位置”是从0开始，例如，字串"this sample too easy！"中第0位置的字符是"t"，第1的位置是"h"，依此类推。

表4-2 String对象的属性和方法

属性与方法名称	意　义	示　例
length	返回字符串的长度	myString.length 结果为 21
charAt(位置)	字串对象在指定位置处的字符	myString.charAt(2) 结果为 i
charCodeAt(位置)	字串对象在指定位置处的字符的 Unicode 值	myString.chaCoderAt(2) 结果为 105
indexOf(要查找的字串)	要查找的字符串在字串对象中的位置	myString.indexOf("too") 结果为 12
lastIndexOf(要查找的字串)	要查找的字符串在字串对象中的最后位置	myString. lastIndexOf ("s") 结果为 18
substr(开始位置 [, 长度])	截取字串	myString. substr(5,6) 结果为 sample
substring(开始位置 , 结束位置)	截取字串	myString. substring(5,11) 结果为 sample
split([分隔符])	分隔字串到一个数组中	var a= myString.split() document.write(a[5]) 输出为 s document.write(a); 结果 t,h,i,s, ,s,a,m,p,l,e, ,t,o,o, ,e,a,s,y, ！

续表

属性与方法名称	意　　义	示　　例
replace(需替代的字串 , 新字串)	替代字串	myString.replace("too","so")，结果为 this sample so easy ！
toLowerCase()	变为小写字母	本串使用本函数后效果不变，因为原本都是小写
toUpperCase()	变为大写字母	myString. toUpperCase() 结果 THIS SAMPLE TOO EASY ！
big()	增大字串文本	与 <big></big> 效果相同
bold()	加粗字符串文本	与 <bold></bold > 效果相同
fontcolor()	确定字体颜色	
italics()	用斜体显示字符串	与 <I></I> 效果相同
small()	减小文本的大小	与 <small ></small > 效果相同
strike()	显示带删除线的文本	与 <strike ></strike > 效果相同
sub()	将文本显示为下标	与 <sub ></sub > 效果相同
sup()	将文本显示为上标	与 <sup ></sup > 效果相同

4.2.6 串对象应用实例

最常用的是indexOf( )方法，其用法如下：

```
字符串对象 .indexOf(" 查找的字符或字符串 ")          // 从第 0 个位置开始向后查找
字符串对象 .indexOf(" 查找的字符或字符串 ", index) // 从第 index 个位置开始向后查找
```

如果找到了，则返回找到的位置；如果没找到，则返回-1。

【示例4-4】验证文本框中输入的是否为电子邮箱格式。

图4-5所示为电子邮件的注册页面。

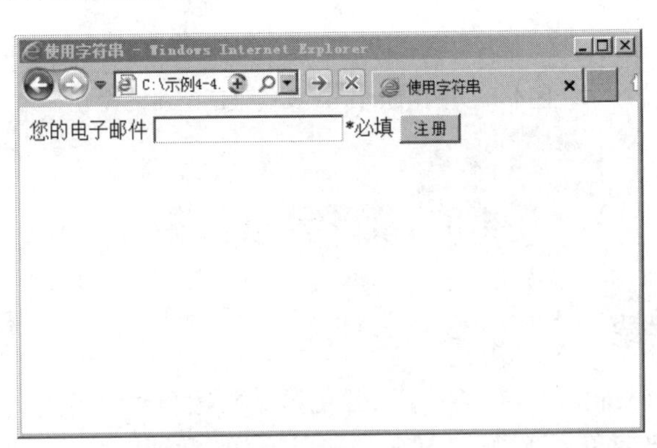

图4-5　电子邮件的注册页面

表单代码设计如下：

```
<form name="myform" method="post" action="">
        您的电子邮件
       <input name="email" type="text" id="email">* 必填
       <input name="register" type="button" value=" 注册 " onClick="checkEmail( )">
```

```
</form>
```

编写checkEmail( )函数的代码如下：

```
<script language="javascript">
    function checkEmail( )   {
      var e=document.myform.email.value;
      if(e==null||e.length==0)  {                // 判断字串是否为空
         alert(" 电子邮件不能为空 !");
         return;
      }
      if(e.indexOf("@",0)==-1)  {                // 判断字串是否包含 @ 符号
         alert(" 电子邮件格式不正确 \n 必须包含 @ 符号！ ");
         return ;
      }
      if(e.indexOf(".",0)==-1)  {                // 判断字串是否包含 . 符号
         alert(" 电子邮件格式不正确 \n 必须包含 . 符号！ ");
         return;
      }
      document.write(" 恭喜您！注册成功！ ");
   }
</script>
```

在浏览器中查看页面时，输出结果如图4-6所示。

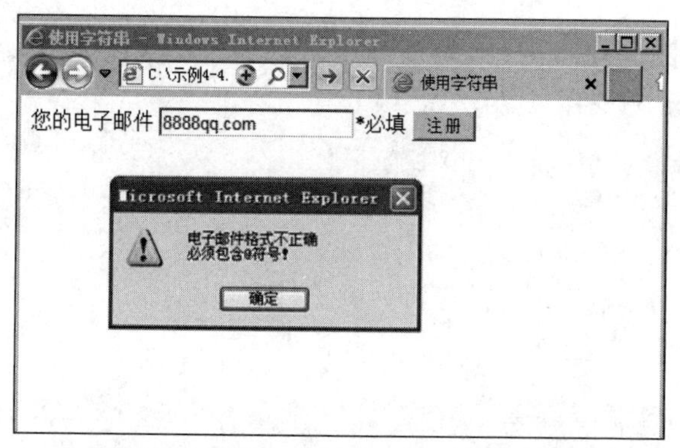

图4-6　使用String对象验证E-mail格式

4.3　数学对象

4.3.1　使用数学对象

JavaScript的数学（Math）对象提供了大量的数学常数和数学函数，使用时不需要用关键字new而可以直接调用Math对象。例如，下述示例使用数学常数圆周率π（表示为PI）计算圆面积。

```
var r=5;
var area=Math.PI*Math.pow(r,2)                        //π*r*r
```

如果语句中需要大量使用Math对象，可以使用with语句简化程序。例如，上述程序可以简化为：

```
with(Math){
```

```
    var r=5;
    var area=Math.PI* pow(r,2);
}
```

4.3.2　数学对象的属性与方法

数学对象调用属性的规则如下：

```
Math.属性名
```

数学对象调用方法的规则如下：

```
Math.方法名(参数1,参数2,…)
```

Math对象的属性和方法如表4-3所示。

表4-3　Math对象的属性和方法

属性与方法名称	意　义	示　例
E	欧拉常量，自然对数的底	约等于 2.71828
LN2	2 的自然对数	约等于 0.69314
LN10	10 的自然对数	约等于 2.30259
LOG2E	以 2 为底 e 的对数	约等于 1.44270
LOG10E	以 10 为底 e 的对数	约等于 0.43429
PI	π	约等于 3.14159
SQRT1_2	0.5 的算术平方根	约等于 0.70711
SQRT2	2 的算术平方根	约等于 1.41421
abs(x)	返回 x 的绝对值	abs(5) 结果为 5，abs(-5) 结果为 5
sin (x)	返回 x 的正弦，返回值以弧度为单位	Math.sin(Math.PI*1/4) 结果为 0.70711
cos (x)	返回 x 的余弦，返回值以弧度为单位	Math.cos(Math.PI*1/4) 结果为 0.5
tan (x)	返回 x 的正切，返回值以弧度为单位	Math.tan(Math.PI*1/4) 结果为 0.99999
ceil(x)	返回与某数相等，或大于概数的最小整数	ceil(-18.8) 结果为 -18；ceil(18.8) 结果为 19
floor(x)	返回与某数相等，或小于概数的最小整数	floor(-18.8) 结果为 -19；floor(18.8) 结果为 18
exp(x)	返回 e 的 x 次方	exp(2) 结果为 7.38906
log(x)	返回某数的自然对数（以 e 为底）	log(Math.E) 结果为 1
min (x,y)	返回 x 和 y 两个数中较小的数	min (2,3) 结果为 2
max(x,y)	返回 x 和 y 两个数中较大的数	max (2,3) 结果为 3
pow(x,y)	返回 x 的 y 次方	pow(2,3) 结果为 8
random()	返回 0 ~ 1 的随机数	
round (x)	四舍五入取整	round (5.3) 结果为 5
sqrt (x)	返回 x 的平方根	sqrt (9) 结果为 3

JavaScript除了提供上述的数学对象外，还提供了一些特殊的常数和函数用于数学计算。

1. 常数NaN和函数isNaN(x)

在使用JavaScript数学对象的过程中，当得到的结果无意义时，JavaScript将返回NaN。例如，在使用parseInt(x)转换成整数时，如果x是个字符，例如parseInt("M")，则执行代码document.write(parseInt("M"))，将返回NaN。

使用JavaScript的isNaN(x)函数，可以测试其参数是否是NaN值。例如：

```
<script language="javascript">
  var x=parseInt("M");
  if(isNaN(x))
     document.write("parseInt 函数的参数错误 ");
   else
     document.write("parseInt 函数的结果是 "+x);
</script>
```

在浏览器中执行上述代码，结果显示为“parseInt函数的参数错误”，如果将parseInt("M")修改为parseInt("100.3")，则显示结果为“parseInt函数的结果是100”。

2. 常数Infinity和函数isFinite(x)

JavaScript还有一个特殊的常数Infinity，表示“无限”。例如，下述示例中，由于等式右侧的表达式都是被0除，因此，x1的值是Infinity，x2的值是-Infinity。

```
x1=5/0;
x2=-5/0;
```

JavaScript中用于测试是否有限数的函数叫做isFinite(x)。例如，在上述两个语句后面加入下述两个语句，它们都将返回false。

```
flag1=infinite(x1);
flag2=infinite(x2);
```

4.3.3 数字的格式化与产生随机数

1. 数字的格式化

格式化数字指的是将整数或浮点数按指定的格式显示出来，例如，2568.5286按不同的格式要求显示：

保留两位小数的效果2568.53。

保留3位小数的效果2568.529。

通常采用数字Math对象的round(x)方法实现。

```
Math.round(num);                                    // 保留整数
Math.round(num,n);                                  // 保留 n 位小数
Math.round(aNum*Math.pow(10,n))    /Math.pow(10,n) 表示 10^n
```

这种方法用于需要保留的位数少于或等于原数字的小数位数，截取小数位数时采用四舍五入的方法。例如：

```
var aNum=2568.5286;
var r1=Math.round(aNum*100)/100 ;                   // 保留 2 位小数
var r2=Math.round(aNum*1000)/1000;                  // 保留 3 位小数
```

2. 产生随机数

产生0～1的包含0不包含1的随机数的方法是直接使用Math.random()函数。

产生0～n之间的随机数的方法：

```
Math.floor(Math.random()*(n+1))
```

产生n1～n2（其中n1小于n2）之间的随机数的方法：

```
Math.floor(Math.random()*(n2-n1)+n1)
```

4.3.4　数学对象应用实例

【示例4-5】随机产生半径，然后计算圆的周长与面积，运算结果保留两位小数。

表单设计的代码设计如下：

```
<form name=myform id="myform">
  半径：<input name="n1" type="text"> <br>
  周长：<input name="n2" type="text"> <br>
  面积：<input name="n3" type="text"> <br>
  <input name="calC" type=button value="随机产生半径" onClick="randomN( )">
  <input name="calS" type=button value=" 计 算 " onClick="compute( )">
</form>
```

表单界面设计如图4-7所示。

编写calC按钮的randomN( )函数（随机产生1～100的数字）的代码如下：

```
function randomN( ){
   var m=Math.floor(Math.random()*(100-1))+1;
   document.myform.n1.value=m;
}
```

编写calS按钮的compute( )函数的代码如下：

```
function compute( ){
    var r=document.myform.n1.value;
    if(isNaN(r)==false && r.length!=0) {
      var C,S;
      C=2*Math.PI*parseFloat(r);
      S=Math.PI*Math.pow(r,2);
      C=Math.round(C*100)/100;
      S=Math.round(S*100)/100;
      document.myform.n2.value=C;
      document.myform.n3.value=S;
   }
   else
     alert("请输入半径，必须为数字！ ");
}
```

在浏览器中查看页面，输出结果如图4-8所示。

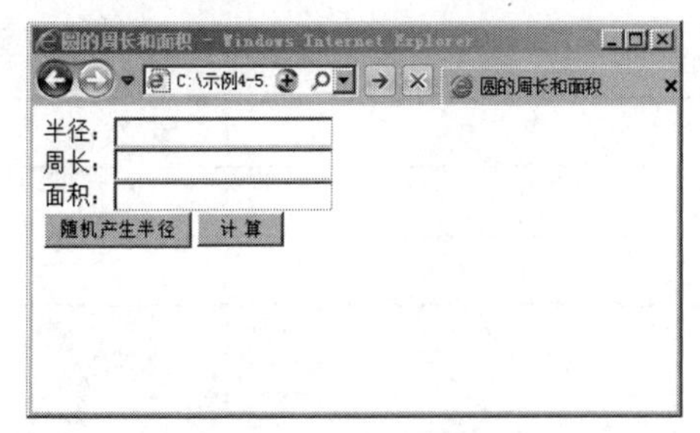

图4-7　表单界面设计

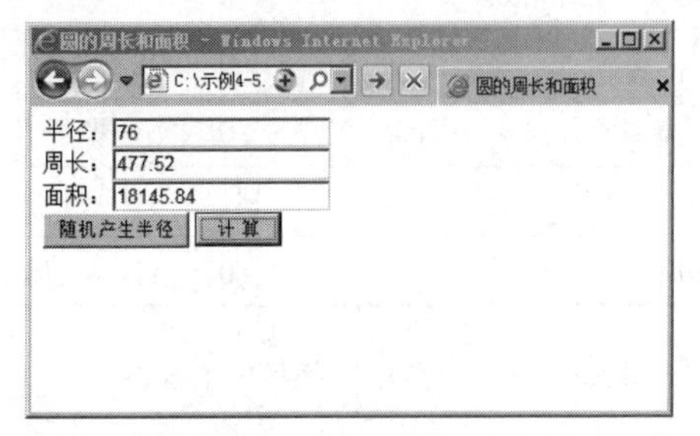

图4-8　使用Math函数计算圆的周长与面积

4.4 日期对象

4.4.1 新建日期

使用关键字new新建日期（Date）对象时，可以用下述几种方法：

```
new Date();
new Date(日期字串);
new Date(年,月,日[,时,分,秒,毫秒]);
```

如果新建日期对象时不包含任何参数，则得到的是当日的日期。

如果使用了“日期字串”作为参数，其格式可以使用Date.parse()方法识别的任何一种表示日期、时间的字串，例如“April 10,2018”“12/24/2018 18:11:16”“Sat Sep 18 09:22:28 EDT 2004”等。

如果使用“(年,月,日[,时,分,秒,毫秒]”作为参数，则这些参数都是整数，其中“月”从0开始计算，即0表示一月，1表示二月，依此类推。方括号中的参数可以不填写，其值默认为0。

如果使用“毫秒”作为参数，该数代表的是从1970年1月1日至指定日期的毫秒数值。

新建日期得到的结果是标准的日期字串格式。如果没有指定时区，则返回的是当地时区（计算机默认设定）的时间。

4.4.2 日期对象的属性与方法

Date对象的方法分组如表4-4所示。

表4-4 Date对象的方法分组

方法组	说明
get	用于获取时间和日期值
set	用于设置时间和日期值
To	用于从 Date 对象返回字符串值
parse & UTC	用于解析字符串

用于表示Date方法的显示值及其对应的整数如表4-5所示。

表4-5 显示值及其对应的整数

显示值	整数
seconds 和 minutes	0 ~ 59
hours	0 ~ 23
day	0 ~ 6（星期几）
date	1 ~ 31（月份中的天数）
months	0 ~ 11（一月至十二月）

使用get分组的方法如表4-6所示。

表4-6　使用get分组的方法

方　　法	说　　明
getDate	返回 Date 对象中月份中的天数，其值介于 1 ~ 31 之间
getDay	返回 Date 对象中的星期几，其值介于 0 ~ 6 之间
getHours	返回 Date 对象中的小时数，其值介于 0 ~ 23 之间
getMinutes	返回 Date 对象中的分钟数，其值介于 0 ~ 59 之间
getSeconds	返回 Date 对象中的秒数，其值介于 0 ~ 59 之间
getMonth	返回 Date 对象中的月份，其值介于 0 ~ 11 之间
getFullYear	返回 Date 对象中的年份，其值为 4 位数
getTime	返回自某一时刻（1970 年 1 月 1 日）以来的毫秒数

使用set分组的方法如表4-7所示。

表4-7　使用set分组的方法

方　　法	说　　明
setDate	设置 Date 对象中月份中的天数，其值介于 1 ~ 31 之间
setHours	设置 Date 对象中的小时数，其值介于 0 ~ 23 之间
setMinutes	设置 Date 对象中的分钟数，其值介于 0 ~ 59 之间
setSeconds	设置 Date 对象中的秒数，其值介于 0 ~ 59 之间
setTime	设置 Date 对象中的时间值
setMonth	设置 Date 对象中的月份，其值介于 1 ~ 12 之间

使用to分组的方法如表4-8所示。

表4-8　使用to分组的方法

方　　法	说　　明
ToGMTString	使用格林尼治标准时间（GMT）数据格式将 Date 对象转换成字符串表示
ToLocaleString	使用当地时间格式将 Date 对象转换成字符串表示

Parse方法和UTC方法如表4-9所示。

表4-9　Parse方法和UTC方法

方　　法	说　　明
Date.parse (date string)	用日期字符串表示自 1970 年 1 月 1 日以来的毫秒数
Date.UTC (year, month, day, hours, min., secs.)	Date 对象中自 1970 年 1 月 1 日以来的毫秒数

4.4.3　日期对象应用实例

setTimeOut()函数为JavaScript提供的一个定时器函数，就像闹钟一样，设置一个时间后，就可以定时提示浏览者。

setTimeOut()函数的用法如下：

```
setTimeOut("调用函数", "定时时间")
```

表示每隔多长时间循环调用函数执行，直到关闭页面为止。

关闭定时器的用法如下：

```
var myTime=setTimeout("disptime()",1000);
clearTimeOut(mytime);
```

其中，myTime为setTimeOut()函数返回的定时器对象，1000表示1000毫秒。时钟显示就是定时器的应用。

【示例4-6】动态时钟的实现。

（1）添加一个表单与文本框，用来显示动态时钟，代码如下：

```
<form name="myform">
    <input name="myclock" type="text" value="" size="20" >
</form>
```

（2）编写一个样式表设置文本框的样式。

```
<style type="text/css">
    input {
       font-size: 30px;
       color: #FFFFFF;
       background-color:#930;
       border:4px double #900;
    }
</style>
```

（3）编写时钟显示的日期对象代码，将代码放置在表单元素之后。

```
<script language="JavaScript">
    function disptime(){
       var time=new Date();                    //获得当前时间
       var year=time.getFullYear();            //获得年月日
       var month=time.getMonth();
       var date=time.getDate();
       var hour=time.getHours();               //获得小时、分钟、秒
       var minute=time.getMinutes();
       var second=time.getSeconds();
       if(minute<10)                           //如果分钟只有1位，则补0显示
          minute="0"+minute;
       if(second<10)                           //如果秒数只有1位，则补0显示
          second="0"+second;
       /*设置文本框的内容为当前时间*/
      document.myform.myclock.value=year+"年"+month+"月"+date+"日"+hour+":
"+minute+":"+second
       /*设置定时器每隔1秒（1000毫秒），调用函数disptime()执行，刷新时钟显示*/
       var myTime=setTimeout("disptime()",1000);
    }
    disptime();
</script>
```

在浏览器中查看页面时，输出结果如图4-9所示。

代码中disptime()函数也可以通过onLoad事件进行触发。加载在<body>标签中，例如：

```
<body onLoad="disptime()">
```

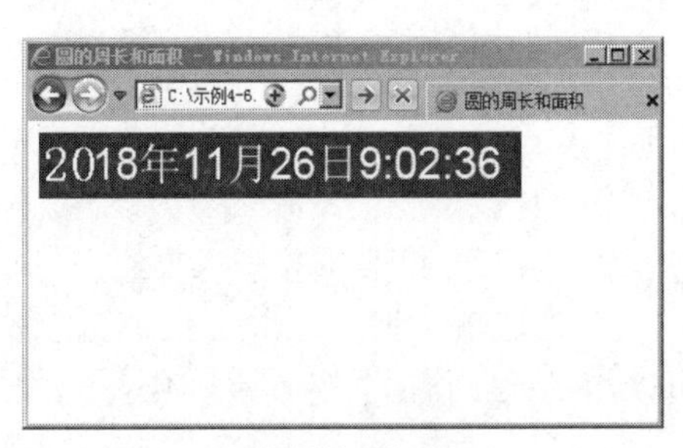

（a）运行时刻的时间显示

（b）运行一段时间后的效果

图4-9　动态时钟效果

4.5　实例：使用二维数组实现下拉框的级联

4.5.1　学习目标

（1）掌握常用内置对象的使用。

（2）掌握常用数组的使用。

4.5.2　实例介绍

在图4-10所示的页面中选择第一个下拉列表框中的省份，然后在第二个下拉列表框中显示相应的城市。

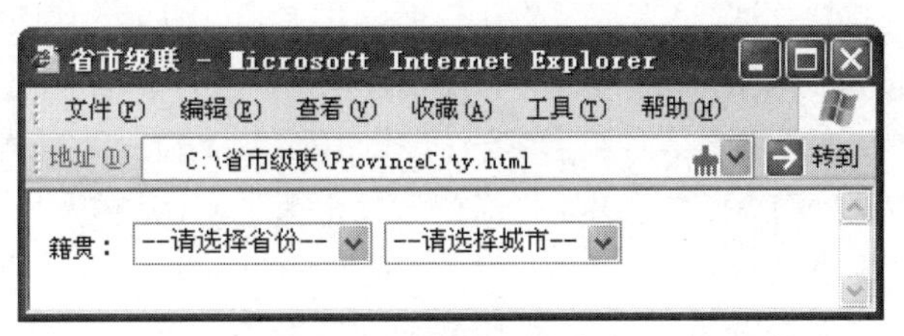

图4-10　表单布局结构

省市的对应关系如下：

江苏省：南京、无锡、徐州、常州、苏州、南通、连云港、淮安、盐城、扬州、镇江、泰州、宿迁；

浙江省：杭州、宁波、温州、嘉兴、湖州、绍兴、金华、衢州、舟山、台州、丽水；

福建省：福州、厦门、莆田、三明、泉州、漳州、南平、龙岩、宁德；

吉林省：长春、吉林、四平、辽源、通化、白山、松原、白城、延边。

4.5.3　实施过程

由于每个省份的城市名称都是同一类型的数据，所以可以使用数组来表示每个省份的多个城市，表示形式如下所示。

```
    cityList[0]  '南京', '无锡', '徐州', '常州', '南通', '连云港', '淮安',
'盐城', '扬州', '镇江', '泰州', '宿迁'                    0
    cityList[1]  '杭州', '宁波', '温州', '嘉兴', '湖州', '绍兴', '金华', '衢
州', '舟山', '台州', '丽水          1
```

```
    cityList[2]  '福州','厦门','莆田','三明','泉州','漳州' '南平','龙
岩','宁德'              2
    cityList[3]  '长春','吉林','四平','辽源','通化','白山','松原','白
城','延边'              3
```

由于下拉列表框索引号（selectedIndex）也是从0开始的，但是下拉列表框索引号0对应选项“--请选择省份--”，1 对应选项“江苏省”，2 对应选项“浙江省”，3 对应选项“福建省”，4 对应选项“吉林省”，如图4-11所示。所以，要把获得的省份索引号减去1才能与数组索引号一一对应。

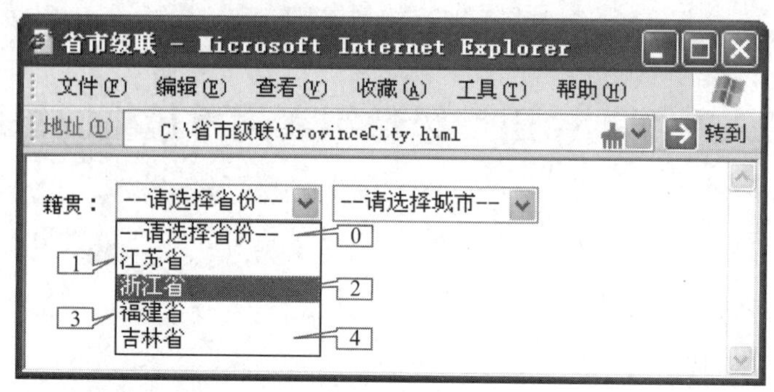

图4-11 省份对应的下拉框索引号

整个分析过程是：首先，使用数组来存放每个省份包含的城市名称，如cityList[0]存储“江苏省”包含的城市名称，cityList[1]存储“浙江省”包含的城市名称，cityList[2]存储“福建省”包含的城市名称，cityList[3]存储“吉林省”包含的城市名称；其次，根据用户在“省份”下拉列表框中选择省份选项所对应的省份索引号，如1对应江苏省，2对应浙江省，3对应福建省，4对应吉林省，找到对应的数组索引号（如0、1、2、3、4）；最后，根据对应的数组内容（如cityList[0]对应的内容有“南京”“无锡”“徐州”“常州”“南通”“连云港”等），添加城市选项到“城市”下拉列表框中。

同时，要自定义一个JavaScript函数，该函数的功能是当触发省份“第一级分类”下拉列表框中的onChange事件时，先清空城市“第二级分类”下拉列表框的选项内容，然后再将省份对应城市的名称信息装载到城市的“第二级分类”下拉列表框中。

实现过程如下。

（1）设计与编写表单页面。

表单页面与表单元素名称及事件的命名如图4-12所示。

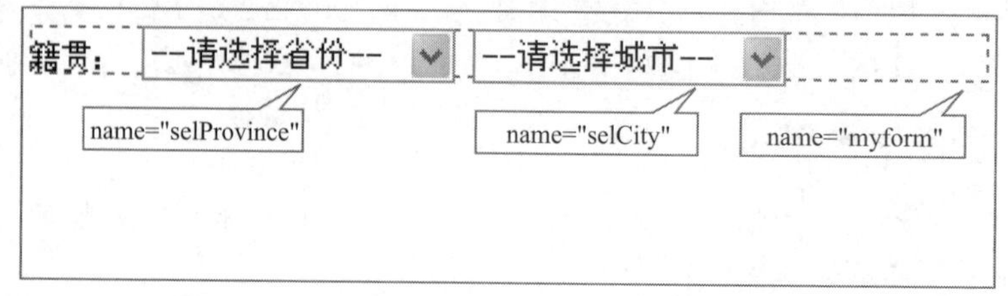

图4-12 表单页面与表单元素名称及事件的命名

表单的代码如下：

```
<form name="myform">
```

```
籍贯:
    <select name="selProvince" id="selProvince">
        <option>-- 请选择省份 --</option>
        <option value=" 江苏省 "> 江苏省 </option>
        <option value=" 浙江省 "> 浙江省 </option>
        <option value=" 福建省 "> 福建省 </option>
        <option value=" 吉林省 "> 吉林省 </option>
    </select>
    <select name="selCity">
        <option>-- 请选择城市 --</option>
    </select>
</form>
```

（2）利用数组编写用于实现省市两级联动功能的JavaScript函数changeCity()。

```
function changeCity( ){
    // 定义数组
    var cityList=new Array( );
    cityList[0]=[' 南京 ', ' 无锡 ', ' 徐州 ', ' 常州 ', ' 南通 ', ' 连云港 ', ' 淮安 ',
' 盐城 ', ' 扬州 ', ' 镇江 ', ' 泰州 ', ' 宿迁 '];
    cityList[1]=[' 杭州 ', ' 宁波 ', ' 温州 ', ' 嘉兴 ', ' 湖州 ', ' 绍兴 ', ' 金华 ',
' 衢州 ', ' 舟山 ', ' 台州 ', ' 丽水 '];
    cityList[2]=[' 福州 ', ' 厦门 ', ' 莆田 ', ' 三明 ', ' 泉州 ', ' 漳州 ', ' 南平 ',
' 龙岩 ', ' 宁德 '];
    cityList[3]=[' 长春 ', ' 吉林 ', ' 四平 ', ' 辽源 ', ' 通化 ', ' 白山 ', ' 松原 ',
' 白城 ', ' 延边 '];
    // 获得省份选项的索引号，如江苏省为 1，比对应数组索引号多 1
    var pIndex=document.myform.selProvince.selectedIndex-1;
    var newOption1;
    document.myform.selCity.options.length=0;
    for(var j in cityList[pIndex]) {
        newOption1=new Option(cityList[pIndex][j], cityList[pIndex][j]);
            document.myform.selCity.options.add(newOption1);
    }
}
```

在上述代码片段中，new Array()声明了一个空数组，它的元素个数是通过后面给数组进行赋值时动态确定，也就是4个元素（cityList[0]、cityList[1]、cityList[2]、cityList[3]），每个元素用来保存各省份对应的城市。document.myform.selProvince.selectedIndex表示用来获取表单中“省份”下拉列表框中被选中选项的selectedIndex属性值，即下拉列表框中被选中选项的索引号（图4-11中“省份”下拉列表框索引号）。document.myform.selCity.options.length=0表示清空表单中“城市”下拉列表框中的内容（列表选项），即去掉已存在的下拉列表项。后面的for循环用来给“城市”下拉列表框添加下拉选项，先是根据数组内容创建选项，然后把创建好的选项添加到“城市”下拉列表框中。

（3）给“省份”下拉列表框添加onChange事件程序，来实现当下拉选项改变时就调用函数changeCity()的功能。

```
<select name="selProvince" id="selProvince" onChange="changeCity( )">
    <option>-- 请选择省份 --</option>
    <option value=" 江苏省 "> 江苏省 </option>
```

```
        <option value=" 浙江省 "> 浙江省 </option>
        <option value=" 福建省 "> 福建省 </option>
        <option value=" 吉林省 "> 吉林省 </option>
    </select>
```

在上述代码片段中，先定义名称为selProvince的选择列表，它有5个列表项，这5个列表项所对应的下拉框索引号分别为0、1、2、3、4，并将其onChange事件处理程序设置为函数changeCity()。当选项发生改变时，就调用函数changeCity ()，从而实现省市两级联动功能。

在运行时，如果在“省份”下拉列表框中选择“吉林省”，则页面效果如图4-13所示。

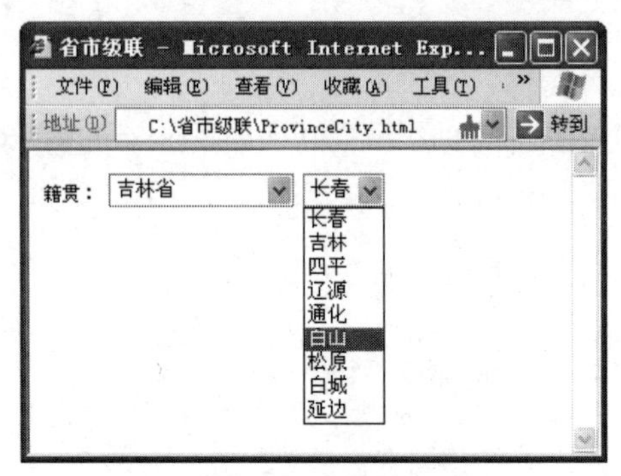

图4-13　级联的省市级联菜单页面

4.5.4　实例拓展

在JavaScript中，除了可以通过非负整数下标访问数组元素之外，还可以使用标识符（字符串）下标访问数组。可以使用文字下标对数组进行优化。

cityList[0]可以修改为cityList['江苏省'];

cityList[1]可以修改为cityList['浙江省'];

cityList[2]可以修改为cityList['福建省'];

cityList[3]可以修改为cityList['吉林省']。

那么，在数组取值时不再通过读取索引号，而通过读取下拉列表框的value来比较，代码如下：

```
// 获得省份选项的索引，这里使用标识
var pIndex=document.myform.selProvince.value;
```

详细参照“ProvinceCity拓展.html”文件学习。

习　　题

1. 在JavaScript中（　　）方法可以对数组元素进行排序。

   A. add()　　　　B. join()

   C. sort()　　　　D. length()

2. 下列选项中（　　）可以用来检索下拉列表框中被选项目的索引号。

   A. selectedIndex　　　　B. options

   C. length　　　　D. add

3. 下列关于Date对象的getMonth()方法的返回值描述正确的是（　　）。

A. 返回系统时间的当前月

B. 返回值的范围介于1～12之间

C. 返回系统时间的当前月+1

D. 返回值的范围介于0～11之间

4. 下列关于类型转换函数的说法，正确的是（　　）。

A. parseInt("5.89s")的返回值为6

B. parseInt("5.89s")的返回值为NaN

C. parseFloat("36s25.8id")的返回值是36

D. parseFloat("36s25.8id")的返回值是3625.8

5. 对字符串str="welcome to china"进行下列操作处理，描述结果正确的是（　　）。

A. str.substring(1,5)返回值是"elcom"

B. str.length的返回值是16

C. str.indexOf("come",4)的返回值为4

D. str.toUpperCase()的返回值是"Welcome To China"

6. setTimeout("adv()",20)表示的意思是（　　）。

A. 间隔20秒后，adv()函数就会被调用

B. 间隔20分钟后，adv()函数就会被调用

C. 间隔20毫秒后，adv()函数就会被调用

D. adv()函数被持续调用20次

7. String对象的方法不包括（　　）。

A. charAt()　　B. substring()

C. toUpperCase()　　D. length()

第5章 常用文档对象

5.1 文档对象结构

5.1.1 文档对象模型

文档对象（document）是浏览器窗口（window）对象的一个主要部分，如图5-1所示，它包含了网页显示的各个元素对象。

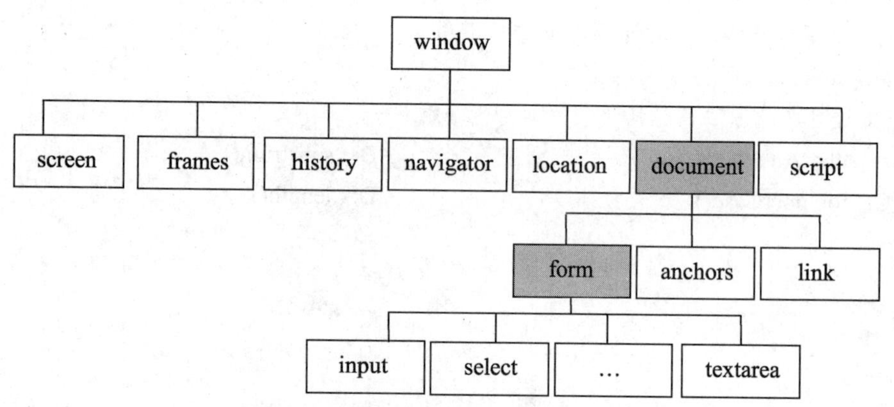

图5-1 浏览器网页的文档对象模型结构

HTML文档中的元素静态地提供了各级文档对象的内容，CSS设置了网页显示的样式，网页对象与JavaScript事件处理的关系如图5-2所示。

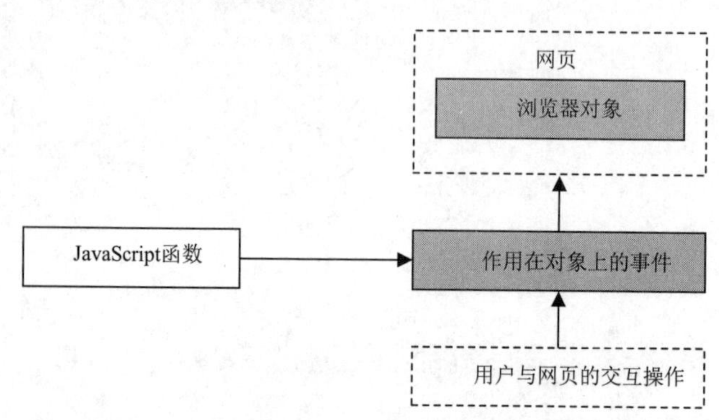

图5-2 网页对象与JavaScript事件处理的关系

文档对象及其包含的各种元素对象与前面学习的JavaScript其他对象一样，具有属性和方法两大要素。通过JavaScript改变网页的内容和样式，实际上就是通过调用JavaScript函数改变文档中各个元素对象的属性值，或使用文档对象的方法，模仿用户操作的效果。

【示例5-1】 文档对象与事件处理的关系。图5-3（a）中的“单击测试”按钮单击一次后按钮失效，如图5-3（b）所示；单击“重置元素”按钮后，恢复“单击测试”按钮的功能。

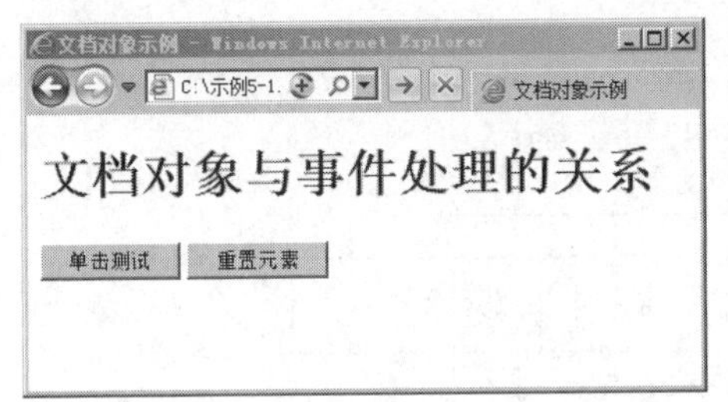

（a）正常状态

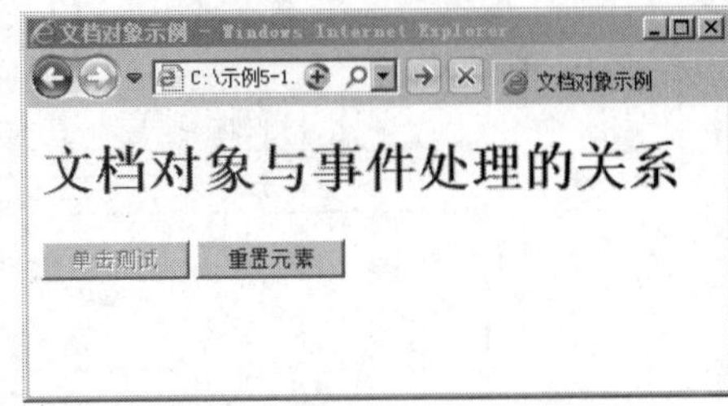

（b）失效状态

图5-3 网页对象与事件处理关系示例

失效函数与重置函数的代码如下：

```
function buttonDisable(){
    document.getElementById("buttonTest").disabled=true;
}
function buttonRe(){
    document.getElementById("buttonTest").disabled=false;
}
```

“单击测试”按钮与“重置元素”按钮的HTML代码如下：

```
<form name="form1">
    <input type="button" id="buttonTest" name="but1" value="  单击测试 "
onClick="buttonDisable()">
    <input type="button" id="buttonReset" name=" but2" value="
重置元素  " onClick="buttonRe()">
</form>
```

示例中，HTML文档中有两个按钮元素，标识id为buttonTest和buttonReset，两个按钮也都有自己的onClick事件，只是调用的函数不同，当单击按钮时，函数才被执行。在函数中，JavaScript通过按钮的id标识得到按钮对象document.getElementById("buttonTest")，然后设置对象的disable属性为true或false。

5.1.2 文档对象的节点树

从图5-1中可以看出，文档对象中的内容与HTML文档中的元素是相对应的。实际上，每一个HTML文档都可以用节点树结构来表现，并且通过元素、属性和文字内容三要素来描述每个节点。图5-4所示为HTML文档对象的节点树示意图。

文档对象的节点树有以下特点：

（1）每一个节点树有一个根节点，如图5-4中的html元素。

（2）除了根节点，每一个节点都有一个父节点，如图5-4所示的除html元素以外的其他元素。

（3）每一个节点都可以有许多子节点。

（4）具有相同父节点的节点叫做“兄弟节点”，如图5-4所示的head元素和body元素、h1元素和p元素等。

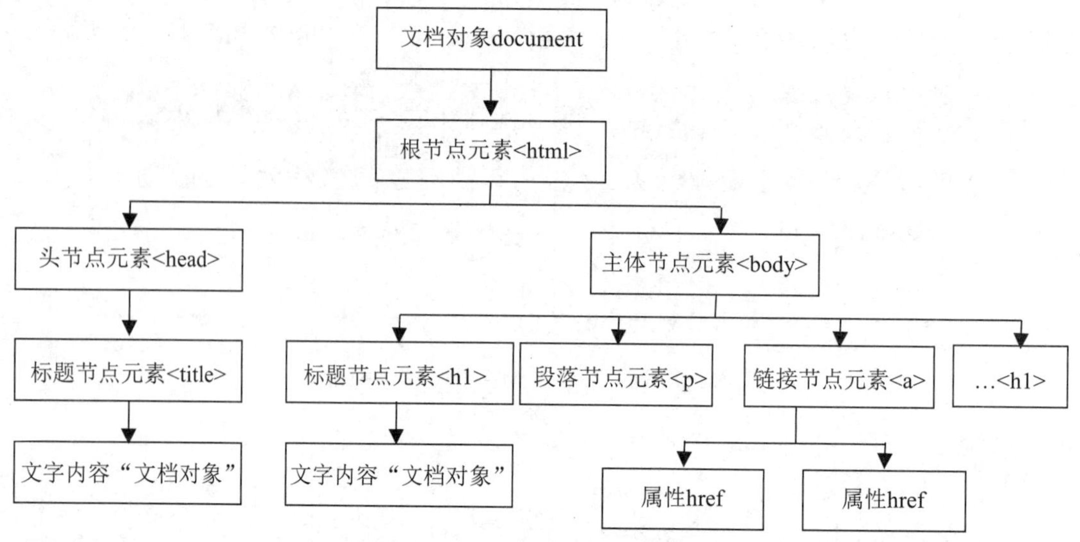

图5-4　文档对象的节点树示意图

文档对象节点树中的每个节点代表了一个元素对象，这些元素的类型虽然可以各不相同，但是它们都具有相同的节点属性和方法，每一种元素对象还有一些特有的属性和方法，通过这些节点属性和方法，JavaScript就可以方便地得到每一个节点的内容，并且可以进行添加、删除节点等操作。表5-1和表5-2分别列出了元素节点的常用属性和方法。

表5-1　文档对象节点的常用属性

属　性	意　义
Body	只能用于 document.body，得到 body 元素
innerHTML	元素节点中的文字内容，可以包括 HTML 元素内容
nodeName	元素节点的名字，是只读的，对于元素节点就是大写的元素名，对于文字内容就是“#text”，对于 document 就是“#document”
nodeValue	元素节点的值，对于文字内容的节点，得到的就是文字内容
parentNode	元素节点的父节点
firstChild	第一个子节点
lastChild	最后一个子节点
previousSibling	前一个兄弟节点
nextSibling	后一个兄弟节点
childNodes	元素节点的子节点数组
Attributes	元素节点的属性数组

表5-2　文档对象节点的常用方法

方　法	意　义
getElementById(id)	通过节点的标识得到元素对象
getElementsByTagName(name)	通过节点的元素名得到元素对象
getElementsByName(name)	通过节点的元素属性 name 值得到元素对象
appendChild(node)	添加一个子节点
insertBefore(newNode,beforeNode)	在指定的节点前插入一个新节点
removeChild(node)	删除一个子节点
createElement(" 大写的元素标签名 ")	新建一个元素节点，只能用于 document.createElement(" 大写的元素名 ")

5.1.3　获取文档对象中元素对象的一般方法

JavaScript使用节点的属性和方法，可以通过下述几种方式得到文档对象中的各个元素对象。

1．document.getElementById

如果HTML元素中设置了标识id属性，就可以通过这一方法直接得到该元素对象，它的格式是：

```
document.getElementById('标识 id 属性名')
```

示例5-1中的document.getElementById("buttonTest")就是按id获取元素对象的。

2．document.getElementsByTagName

这种方式是通过元素标签名得到一组元素对象数组（array），它的格式是：

```
document.getElementsByTagName('元素标签名')
```

或

```
节点对象.getElementsByTagName('元素标签名')
```

使用第二种格式将得到该“节点对象”下的所有指定元素标签名的对象数组。示例5-1中的按钮元素对象也可以通过以下语句得到：

```
document.getElementsByTagName('input')[0]
```

此代码表示“一组元素标签名input中的第一个”。第二个按钮可以使用document.getElementsByTagName('input')[1]来获取。

3．document.getElementsByName

这种方式是通过元素名（name）得到一组元素对象数组（array），它的格式是：

```
document.getElementsByName('元素标签名')
```

或

```
节点对象.getElementsByName('元素标签名')
```

它一般用于节点具有name属性的元素，大部分的表单及其控件元素都具有name属性，示例5-1中的按钮元素对象也可以通过以下语句得到：

```
document.getElementsByName("but1")[0]
```

4．节点关系

通过节点的一些关系属性parentNode、firstChild、lastChild、previousSibling、nextSibling、childNode[0]等，也可以得到元素节点。

示例5-1中的按钮元素对象也可以通过以下语句得到：

```
document.getElementsByTagName('form')[0].firstChild
```

5．其他方法

JavaScript还保留着以前版本中得到文档对象中元素对象的方法，例如，document.forms得到一组表单对象数组或者document.form1.but1直接得到。

5.2 文档对象

通过前面文档对象结构的学习，大家已经知道，文档对象不仅本身具有属性和方法，它还包含了各种不同类型的元素对象，如图5-1所示，这些元素也具有不同的属性和方法。下面将介绍文档对象及其常用元素对象的属性和方法。

5.2.1 文档对象的属性和方法

文档对象（document）本身具有表5-3所示的常用属性及表5-4所示的常用方法。另外，除了大多数的网页事件都可用于文档对象外，文档对象还有onLoad和onUnload事件。

表5-3 文档对象常用属性

属性	意义
Title	网页标题
Cookie	用于记录用户操作状态。由“变量名 = 值”组成的字串
Domain	网页域名
lastModified	上一次修改日期

表5-4 文档对象常用方法

方法	意义
getElementById()	返回对拥有指定 id 的第一个对象的引用
getElementsByName()	返回带有指定名称的对象的集合
getElementsByTagName()	返回带有指定标签名的对象的集合
write()	向文档写文本、HTML 表达式或 JavaScript 代码

【示例5-2】在网页的标题中显示时间，在网页中显示更新日期。当用户进入网页时弹出提示窗口“How are you！”；如图5-5所示，当用户单击网页中的链接更换网页内容时显示“Good Bye！”；网页中显示更新日期如图5-6所示。

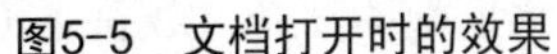
图5-5　文档打开时的效果

图5-6　单击超链接后的效果

代码如下：

```
<html>
    <head>
        <meat http-equiv="Content-Type" content="text/html; charset=gb2312">
        <title> 文档的对象与属性 </title>
        <script language="javascript">
        // 设置文档的标题
        function setTitle(){
            document.title="Tody is " + new Date();
        }
        // 文档载入时，欢迎！
        function welcome(){
            alert("How are you!");
        }
        // 文档卸载时，再见！
        function bye(){
            alert("Good Bye!");
        }
        // 显示网页最后更新日期
        function updateList(){
            document.write(" 网页更新日期：");
            document.write(document.lastModified);
        }
        // 显示新的网页内容
        function newDocument(){
            document.open("text/html","replace");
            document.write(" 这是新的网页 !<br>");
            document.write(new Date());
            document.close();
        }
        </script>
    </head>
    <body onLoad="setTitle(); welcome()" onUnload="bye()">
        <a href="javascript:newDocument()"> 创建一个新文档 </a>
        <script type="text/javascript">
        updateList();
    </body>
</html>
```

说明：

本程序中定义了5个函数，当装载网页时，通过<body>的onLoad事件调用了setTitle()和welcome()函数，因此，网页的标题由“文档的对象与属性”变为了当前的日期，并且弹出了“How are you!”信息。

当用户单击超链接“创建一个新文档”时，由于这时将执行函数newDocument( )，从而开始新的网页内容，也就是当前网页将卸载，所有<body>中的onUnload事件就会起作用，它调用了bye( ) 函数，弹出提示信息“Good Bye！”，同时，newDocument( )向新的一页输出了如图5-6所示的内容。

5.2.2 文档对象的cookie属性

cookie是文档对象的一个属性，它用于记录用户在浏览器中执行时的一些状态。用户在使用相同的浏览器显示相同的网页内容时，JavaScript可以通过比较cookie属性值，从而显示不同的网页内容。例如，通过cookie可以显示用户在某网页的访问次数；可以自动显示登录网页中的用户名；对于不同语言版本的网页，可以自动进入用户设置过的语言版本中。

值得注意的是，用户可以在浏览器中删除已有的cookie或设置不使用的cookie，因此，在使用cookie的过程中，应该考虑到这种情况。

1. 设置cookie

浏览器保存cookie时是用一系列的“变量名=值”组成的字串表示，并以分号“;”相间隔。设置cookie的字串格式如下：

```
cookie名=cookie值;expires=过期日期字串;[domain=域名;path=路径;secure;]
```

其中，expires值设置的是该cookie的有效日期，如果网页显示时的日期超过了该日期，该cookie将会无效。domain和path项是可选项，如果不设置domain和path，则表示默认为网页所在的域名和路径。例如，某网页的地址是http://www.usitd.com/sat，那么，域名就是www.usitd.com，路径就是/sat。如果使用secure，则表示客户端与服务器端传送cookie时将通过安全通道。

用JavaScript设置cookie，实际上就是用JavaScript的方法组成上述cookie的字串。

2. 取出cookie

得到cookie时的字串格式为：

```
cookie1名=cookie1值;cookie2名=cookie2值;…
```

同样，可以用JavaScript的方法分解上述字串，以得到指定的cookie名所对应的值。

3. 删除cookie

删除cookie实际上就是设置指定的cookie名的值为空串，过期日期是当前日期以前的日期。

【示例5–3】文档对象的cookie属性，代码如下：

```
<script language="javascript">
    document.write("document.title=", document.title, "<br>");
    document.write("document.charset=", document.charset, "<br>");
    document.cookie="name=李四";                //写cookie
    document.cookie="age=20";                   //写cookie
    document.write("document.cookie=", document.cookie, "<br>");
                                                //读取全部cookie
```

```
    var strcookie=document.cookie;
    var arrcookie=strcookie.split("; ");
                                    //拆分全部 cookie 串为单个 cookie 串数组
    //遍历 cookie 数组，处理每个 cookie 对
    for(var i=0;i<arrcookie.length;i++){
        var arr=arrcookie[i].split("=");
                                    //拆分单个 cookie 串为 [ 键，值 ] 数组
        document.write("键：",arr[0],"，值：",arr[1], "<br>");
                                    //读取单个 cookie
    }
</script>
```

运行代码，浏览页面，结果如图5-7所示。

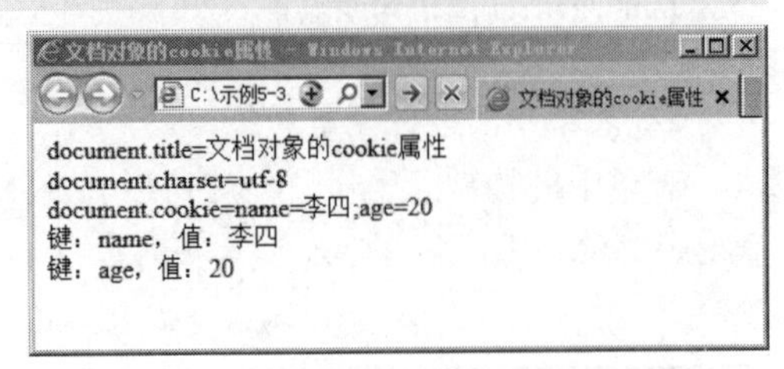

图5-7　document对象部分属性示例

> **说明：**
> 本例中使用了字符串类的split方法，它是将一个大的字符串用分隔串分割为多个小的字符串，返回一个字符串数组。

全部cookie串是用“分号+空格”隔开的，不要忽略分号后面的空格。

5.2.3　表单及其控件元素对象

1. 表单

表单（form）对象是文档对象的一个主要元素。表单对象包含有许多用于收集用户输入内容的元素对象，例如，文本框（text）、按钮（button）、单选按钮（radio）、复选框（checkbox）、重置按钮（reset）、列表（select）等，通过这些元素对象，表单将用户输入的数据传递到服务器端进行处理。

表5-5～表5-7分别列出了表单对象的常用属性、方法和事件。示例中myForm是一个表单对象，它可以用5.1.3节中介绍的任意一种方法得到。

表5-5　表单对象常用属性

属　性	意　义	示　例
Action	表单提交后的 URL	myForm.action="Login.jsp" myForm.action="http;//www.baidu.com"
Elements	表单中包含的元素对象（例如文本、按钮等）数组	
Length	表单中元素的个数	myForm.length(与 myForm.elements.length 一样)
Method	提交表单的方式，post 或 get	myForm.method="post"
Name	表单的名字，可以直接用于引用表单	var formName=myForm.name
Target	提交表单后显示下一网页的位置	myForm.target="_top"

表5-6　表单对象常用方法

属　性	意　义	示　例
reset()	将表单中各元素恢复到默认值，与单击重置按钮（reset）的效果是一样的	myForm.reset()

续表

属　性	意　义	示　例
submit()	提交表单，与单击提交按钮（submit）效果是一样的	myForm.submit()

表5-7　表单对象常用事件

属　性	意　义
onreset(JavaScript 语句或函数)	当进行重置表单操作时执行指定的 JavaScript 语句或函数
onsubmit(JavaScript 语句或函数)	当进行提交表单操作时执行指定的 JavaScript 语句或函数

2. 表单中的控件元素对象

表单中的控件元素对象一般可以与HTML的元素一一对应。表5-8列出了表单常用的控件元素对象名称及相应的HTML元素示例。

表5-8　表单常用的控件元素对象名称及相应的HTML元素示例

控件元素对象名称	type 属性值	HTML 元素示例
单行文本框	Text	<input type="text" name="txt1"" id=" t1" value="john" onblur="checkString();">
多行文本框	Textarea	<textarea name="txtNotes" id="txt1"></textarea>
按钮	Button	<input type="button" name="btn1" id="btn1" value=" 查询 " onclick="doValidate()">
单选按钮	Radio	<input type="radio" name="rdoAgree" id="rdoAgreeYes" checked value="yes"> <input type="radio" name="rdoAgree" id="rdoAgreeNo" value="no" >
复选框	Checkbox	<input type="checkbox" name="chkA" id="chakA1" value="1" checked> <input type="checkbox" name="chkA" id="chakA1" value="2" > <input type="checkbox" name="chkA" id="chakA1" value="3" >
列表： （单选列表） （多选列表）	select-one select-multiple	<select name="listProvince" id=" listProvince"> <option value=" 北京 "> 北京 </option> <option value=" 上海 "> 上海 </option> </select> <select size=8 multiple name="listProvince" id=" listProvince"> <option value=" 北京 "> 北京 </option> <option value=" 上海 "> 上海 </option> </select>
密码框	Password	<input type="password" name="txtPassword" id="txtPassword">
重置按钮	Reset	<input type="reset" name="btnReset" id="btnReset">
提交按钮	Submit	<input type="submit" name="btnSubmit" id="btnSubmit" >
隐含变量	Hidden	<input type="hidden" name="actionParam" id="actionParam" value="delete">

表5-9～表5-11分别列出了表单控件元素对象的常用属性、方法及事件。不同类型的表单控件元素会有不同的属性、方法和事件，例如，种类为radio、checkbox的表单控件元素，它们都会有“是否选上”（checked）的属性，而种类为text、password、textarea等表单控件元素都是用于用户输入文字的，它们不会有“是否选上”（checked）的属性，学习中应特别注意这些共同点和不同点。

同样，表单控件元素对象可以用5.2.1节介绍的任意一种方法得到。

表5-9 表单控件元素对象的常用属性

属 性	意 义
Form	返回当前元素属于的表单的名称
Name	元素对象的名字，用于识别元素及提交至服务器端时作为变量名
Type	元素对象的种类，有的是在 HTML 的标记中直接设置
Value	元素对象的值
defaultalue defaultChecked	元素对象初始值（text、password、textarea） 元素对象初始是否选上（checkbox、radio）
Checked	元素对象是否选上（checkbox、radio）
Readonly	该元素不可以被编辑，但变量仍传递到服务器端
Disabled	该元素不可以被编辑，且变量将不传递到服务器端

表5-10 表单控件元素对象的常用方法

方 法	意 义
blur()	让光标离开当前元素
focus()	让光标落到当前元素上
select()	用于种类为 text、textarea、password 的元素，选择用户输入的内容
click()	模仿鼠标单击当前元素

表5-11 表单控件元素对象的常用事件

事 件	意 义
Onblur	当光标离开当前元素时
Onchange	当前元素的内容变化时
Onclick	鼠标单击当前元素时
ondblClick	鼠标双击当前元素时

3．列表及列表选项控件元素对象

列表对象select不同于其他控件元素对象，它包含有下一级的对象：“列表选项”对象option。因此，对于列表控件元素对象，除了具有表5-8列出的属性外，还要有表5-12列出的一些特别的属性。图5-8所示显示了列表元素的不同属性设置所得到的不同类型的列表，包括下拉列表、单选列表和多选列表等。对于列表选项数组中的每一个选项对象option，它们还具有表5-13列出的列表选项属性。上述表中“示例”列中的myList为图5-8中的列表控件元素对象，即：

```
myList=document.getElementbyId(" province");
```

```
<select name="province" id="province">
     <option value="0">江苏省</option>
     <option value="1">安徽省</option>
     <option value="2">山东省</option>
</select>
```

（a）下拉列表

```
<select size="3" name="province" id="province">
     <option value="0">江苏省</option>
     <option value="1">安徽省</option>
     <option value="2">山东省</option>
</select>
```

（b）单选列表

```
<select size="3" name="province" id="province" multiple>
       <option value="0">江苏省</option>
       <option value="1">安徽省</option>
       <option value="2">山东省</option>
</select>
```

（c）多选列表

图5-8　列表元素对象

表5-12　列表属性

属　　性	意　　义	示　　例
options	列表选项数组	myList.option[1] 表示列表中的第二个选项
length	列表选项长度，与 option.length 相同	myList.length 结果为 3
selectedIndex	对于单选列表，它是当前选择项在选项数组中的元素序号；对于多选列表，它是第一个选择项在选项数组中的元素序号	对于图 5-8（b）所示单选列表，myList.selectedIndex 结果为 1

表5-13　列表选项属性

属　　性	意　　义	示　　例
selected	选项是否选上	对于图 5-8（c）所示多选列表，myList.option[1].selected 和 myList.option[2].selected 结果都是 true
defaultSelected	选项初始时是否选上	
text	选项的文字内容	myList.option[1].text 结果为“安徽省”
value	选项的值	myList.option[1].value 结果为“1”

在JavaScript中对列表进行添加、删除选项的操作如下：

（1）添加列表选项：首先新建一个选项对象，然后将该对象赋值给列表选项数组中。新建选项对象语法规则如下所示，其中方括号中的参数项表示可以省略。

```
new Option([选项的文字内容,[选项值[,初始是否选项[,是否选上]]]]);
```

例如，下述两行程序将为图5-8中的列表再添加一个选项。

```
var new Option=new Option("重庆市","3");
myList.option[3]=newOption;
```

（2）删除列表选项：只要将列表选项数组中指定的选项赋值为null即可。例如，下列程序将删除图5-8示例中的列表第二项。

```
myList.option[1]=null;
```

【示例5-4】图5-9所示的表单中form1中有两个多选列表框，用户可以从左侧列表中选择任意项，然后单击“右移”按钮将所选项移动到右侧的列表中；同样，也可以单击“左移”按钮将所选项移动到左侧的列表中。

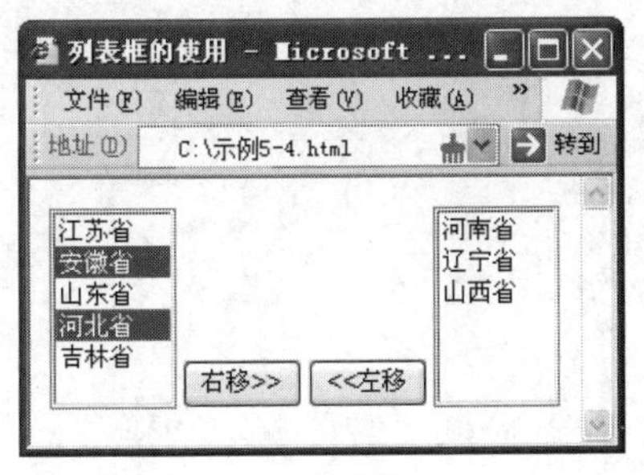

（a）移动前

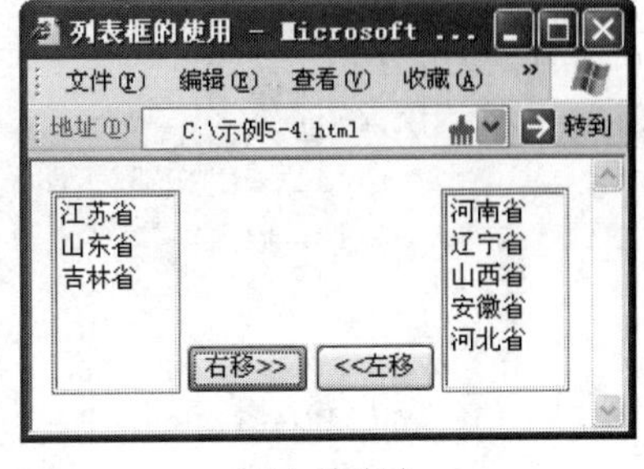

（b）移动后

图5-9　列表元素对象

（1）编写移动列表函数，代码如下：

```
<script language="javascript">
    //moveList 函数用来调整两个列表之间的选项移动操作
    //fromid 为需要移动的列表名称，to 为移动到得列表名称
    function moveList(fromId,toId){
        var fromList=document.getElementById(fromId);
        var fromLen=fromList.options.length;
        var toList=document.getElementById(toId);
        var toLen=toList.options.length;
        //current 为需要移动列表中的当前选项序号
        var current=fromList.selectedIndex;
        // 如果需要移动列表中有选择项，则进行移动操作
        while(current>-1){
            //t 和 v 分别为需要移动列表中当前选择项的文本与值
            var t=fromList.options[current].text;
            var v=fromList.options[current].value;
            // 根据已选择项新建一个列表项
            var optionName=new Option(t,v,false,false);
            // 将该选项移动到目标列表中
            toList.options[toLen]=optionName;
            toLen++;
            // 将该选项从需要移动的列表中删除
            fromList.options[current]=null;
            current=fromList.selectedIndex;
        }
    }
    </script>
```

（2）表单与表单元素以及相应事件的代码如下：

```
<form name="form1">
    <select name="lList" id="lList" multiple size="6" >
        <option value="0">江苏省</option>
        <option value="1">安徽省</option>
        <option value="2">山东省</option>
        <option value="3">河北省</option>
        <option value="4">吉林省</option>
    </select>
    <!--通过onclick事件调用JavaScript的moveList()函数-->
    <input type="button" name="toright" id="toright" value="右移>>" onclick=
"moveList('lList','rList')" />
    <input type="button" name="toleft" id="toleft" value="<<左移" onclick=
"moveList('rList','lList')" />
    <select size="6" name="rList" id="rList" multiple>
        <option value="0">河南省</option>
        <option value="1">辽宁省</option>
        <option value="2">山西省</option>
</form>
```

针对本示例，还可以将moveList()函数进行简化，代码如下，请自行测试。

```
function moveList(select1,select2){
 var select1=document.getElementById(select1);
    var select2=document.getElementById(select2);
    var current=select1.selectedIndex;
    while(select1.selectedIndex>-1){
        var newOption=document.createElement("option");
        newOption.value=select1[select1.selectedIndex].value;
        newOption.text=select1[select1.selectedIndex].text;
        select2.add(newOption);
        select1.remove(select1.selectedIndex);
    }
}
```

5.3 实例：全选/全不选

5.3.1 学习目标

（1）掌握获取元素的方法。

（2）掌握数组的使用。

（3）掌握document文档对象模型的常用方法。

5.3.2 实例介绍

在信息收集过程中，经常会多条记录的全选/全不选功能。

本实例主要针对有多条记录时，可以实现多条记录的全选/全不选效果，效果如图5-10所示。

图 5-10　电子产品全选/全不选页面

5.3.3 实施过程

实现全选效果，可以分为以下几步实现：

（1）编写图5-10所示界面，代码如下：

```
<table border="0" cellspacing="0" cellpadding="0" class="bg">
  <tr>
    <td style="height:40px;"> </td>
    <td> </td>
    <td> </td>
    <td> </td>
  </tr>
  <tr style="font-weight:bold;">
    <td><input id="all" type="checkbox" value=" 全选 " /> 全选 </td>
    <td> 商品图片 </td>
    <td> 商品名称 / 出售者 / 联系方式 </td>
    <td> 价格 </td>
  </tr>
  <tr>
  <td colspan="4"><hr style="border:1px  #CCCCCC dashed" /></td>
    </tr>

  <tr>
    <td><input name="product" type="checkbox" value="1" /></td>
    <td><img src="images/list0.jpg" alt="alt" /></td>
    <td> 杜比环绕，家庭影院必备，超真实享受 <br />
    出售者：ling112233<br />
```

```
    <img src="images/online_pic.gif" alt="alt" />   
  <img src="images/list_tool_fav1.gif" alt="alt" /> 收藏 </td>
    <td> 一口价 <br />
    2833.0 </td>
  </tr>
  <tr>
  <td colspan="4"><hr style="border:1px  #CCCCCC dashed" /></td>
    </tr>
  <tr>
    <td><input name="product" type="checkbox" value="2" /></td>
    <td><img src="images/list1.jpg" alt="alt" /></td>
    <td>NVDIA 9999GT 512MB 256bit 极品显卡，不容错过 <br />
      出售者：aipiaopiao110 <br />
    <img src="images/online_pic.gif" alt="alt" />   
  <img src="images/list_tool_fav1.gif" alt="alt" /> 收藏 </td>
    <td> 一口价 <br />
    6464.0 </td>
  </tr>
  <tr>
  <td colspan="4"><hr style="border:1px  #CCCCCC dashed" /></td>
    </tr>
  <tr>
    <td><input name="product" type="checkbox" value="3" /></td>
    <td><img src="images/list2.jpg" alt="alt" /></td>
    <td> 精品热卖：高清晰，30 寸等离子电视 <br />
      出售者：阳光的挣扎 <br />
    <img src="images/online_pic.gif" alt="alt" />   
  <img src="images/list_tool_fav1.gif" alt="alt" /> 收藏 </td>
    <td> 一口价 <br />
    18888.0 </td>
  </tr>
  <tr>
  <td colspan="4"><hr style="border:1px  #CCCCCC dashed" /></td>
    </tr>
   <tr>
    <td><input name="product" type="checkbox" value="4" /></td>
    <td><img src="images/list3.jpg" alt="alt" /></td>
    <td>Sony 索尼家用最新款笔记本 <br />
      出售者：疯狂的镜无 <br />
    <img src="images/online_pic.gif" alt="alt" />   
  <img src="images/list_tool_fav1.gif" alt="alt" /> 收藏 </td>
    <td> 一口价 <br />
     5889.0 </td>
  </tr>
  <tr>
  <td colspan="4"><hr style="border:1px  #CCCCCC dashed" /></td>
    </tr>
</table>
```

（2）编写JavaScript中的函数，在函数中首先读取id="all"的复选框和name="product"的复选框组，循环遍历每一个复选框组，让每一个name="product"的复选框的checked等于id="all"的复选框的checked，代码如下：

```
<script>
function check(){
```

```
    var oInput=document.getElementsByName("product");
    for(var i=0;i<oInput.length;i++){
      oInput[i].checked=document.getElementById("all").checked;
    }
  }
</script>
```

（3）编写全选的onClick事件onclick="check()"，实现全选/全不选效果。

5.3.4 实例拓展

参照上述实例，实现图5-11所示的界面。

图5-11　超链接式全选/全不选界面

习　　题

1. 某页面中有两个id分别为mobile和telephone的图片，下面（　　）能够正确地隐藏id为mobile的图片。

A. document.getElementsByName("mobile").style.display="none";

B. document.getElementById("mobile").style.display="none";

C. document.getElementsByTagName("mobile").style.display="none";

D. document.getElementsByTagName("img").style.display="none";

2. 在下拉列表cityList=document.getElementById('cityList')中，能够删除表单控件元素中列表元素的第二项的语句是（　　）。

A. cityList.option[1]= "";　　　　B. cityList.option[1].value="";

C. cityList.option[1]=null;　　　　D. cityList.option[1].text="";

3. 关于下面的JavaScript代码说法正确的是（　　）

```
var s=document.getElementsByTagName("p");
 for(var i=0;i<s.length;i++){
     s[i].style.display="none";
 }
```

A. 隐藏了页面中所有id为p的对象

B. 隐藏了页面中所有name为p的对象

C. 隐藏了页面中所有标签为<p>的对象

D. 隐藏了页面中所有标签为<p>的第一个对象

4. 下面（　　）不是document对象的方法。

A. getElementsByTagName()　　B. getElementById()

C. write()　　D. reload()

5. 某页面中有一个id为pdate的文本框，下列（　　）能把文本框中的值改为"2018-10-10。"（选择两项）

A. document.getElementById("pdate").setAttribute("value","2018-10-10");

B. document.getElementById("pdate").value="2018-10-10";

C. document.getElementById("pdate").getAttribute("2018-10-10");

D. document.getElementById("pdate").text="2018-10-10";

6. 某页面中有如下代码，下列选项中（　　）能把"令狐冲"修改为"任盈盈"。（选择两项）

```
<table border="0" cellspacing="0" cellpadding="0" id="Table1">
    <tr id="row1">
    <td>张三丰</td>
    <td>90</td>
    </tr>
    <tr id="row2">
    <td>令狐冲</td>
    <td>88</td>
    </tr>
</table>
```

A. document.getElementById("Table1").rows[2].cells[1].innerHTML="任盈盈";

B. document.getElementById("Table1").rows[1].cells[0].innerHTML="任盈盈";

C. document.getElementById("row2").rows[0].innerHTML="任盈盈";

D. document.getElementById("row2").rows[1].innerHTML="任盈盈";

第6章　常用窗口对象

6.1　屏幕对象

屏幕（screen）对象是JavaScript运行时自动产生的对象，它实际上是独立于窗口对象的。屏幕对象主要包含计算机屏幕的尺寸及颜色信息，如表6-1所示。

表6-1　屏幕对象常用属性

属　　性	意　　义
height	显示屏幕的高度
width	显示屏幕的宽度
availHeight	可用高度
availWidth	可用宽度
colorDepth	每像素中用于颜色的位数，其值为 1,4,8,16,24,32

这些信息只能读取，不可以设置，使用时只要直接引用screen对象就可以了，调用格式如下：

```
screen.属性
```

表6-1中availHeight（可用高度）指的是屏幕高度减去系统环境所需要的高度。例如，对Windows系统，“可用高度”一般指的就是屏幕高度减去Windows任务栏的高度，如图6-1所示。

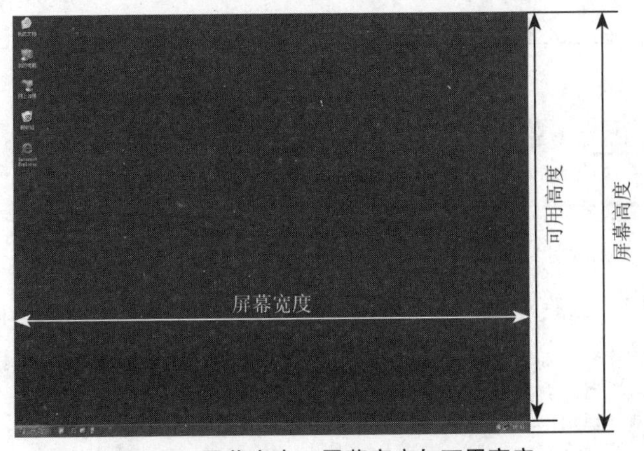

图6-1　屏幕宽度、屏幕高度与可用高度

通过使用屏幕的可用高度和可用宽度，可以设置窗口对象的尺寸。例如，可以用JavaScript程序将网页窗口充满全屏幕。

【示例6-1】根据分辨率判断，打开不同的网页。

```
<script language="javascript">
if((screen.width==800) && (screen.height==600)){
    location.href='http://www.qq.com'
}
else if((screen.width==1024) && (screen.height==768)){
    location.href='http://www.m1905.com'
}
else if((screen.width==1280) && (screen.height==1024)){
    location.href='http://www.163.com'
}
else { location.href='http://www.baidu.com'
}
</script>
```

6.2 浏览器信息对象

浏览器信息（navigator）对象主要包含浏览器及用户使用的计算机操作系统的有关信息，如表6-2所示。这些信息只能读取不可以设置，使用时只要直接引用navigator对象就可以了，调用格式如下：

```
navigator.属性
```

表6-2 浏览器信息对象常用属性

属　性	意　义
appVersion	浏览器版本号
appCodeName	浏览器内码名称
appName	浏览器名称
platform	用户操作系统
userAgent	该字串包含了浏览器的内码名称及版本号，它被包含在向服务器端请求的头字符串中，用于识别用户
language(除IE外) userLanguage（IE） systemLanguage（IE） browserLanguage（IE）	浏览器设置的语言 操作系统设置的语言 操作系统默认设置的语言 浏览器设置的语言

【示例6-2】navigator对象使用，代码如下：

```
<script language="javascript">
    document.write(
    "你使用的浏览器代码是：" + navigator.appCodeName + "<br>" +
    "你使用的浏览器名称是：" + navigator.appName + "<br>" +
    "你使用的浏览器版本是：" + navigator.appVersion + "<br>" +
    "你使用的浏览器支持cookie：" + navigator.cookieEnabled + "<br>"+
```

```
    "你操作系统的默认语言是(IE): " + navigator.systemLanguage + "<br>" +
    "你操作系统的默认语言是(FF): " + navigator.language + "<br>");
</script>
```

在IE和FF两个浏览器运行会产生不同运行结果，IE浏览器的运行结果如图6-2所示。

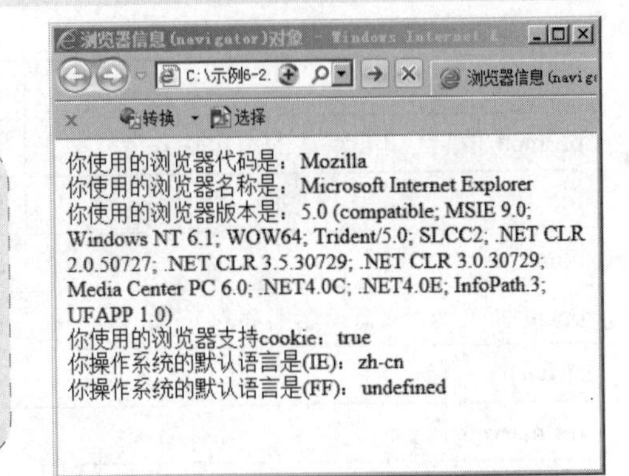

图6-2　Navigator对象使用（IE浏览器）

说明：不同的浏览器甚至同一浏览器的不同版本，在CSS和文档对象效果显示方面会有差异，使用navigator.appName浏览器名称和navigator.appVersion浏览器版本可以采用分支程序结构进行不同的处理。

6.3　窗口对象

6.3.1　窗口对象的常用属性和方法

窗口（window）对象的常用属性和方法如表6-3和表6-4所示。由于不同的浏览器定义的窗口属性和方法差别较大，因此，这里仅列出各种浏览器最常用的窗口对象的属性和方法，对于不同浏览器所特有的属性和方法，应具体参考各浏览器所提供的参考手册。

表6-3　窗口对象常用属性

属　性	意　义
document	文档对象
frames	框架对象
screen	屏幕对象
navigator	浏览器信息对象
length	框架数组的长度
history	历史对象
location	网址对象
name	窗口名字
opener	打开当前窗口的父对话框
parent	包含当前窗口的父对话框对象
self	当前窗口或框架
status	状态栏中的信息
defaultStatus	状态栏中的默认信息

表6-4　窗口对象常用方法

属　性	意　义
alert(信息字串)	打开一个包含信息字串的提示框
confirm(信息字串)	打开一个包含信息、确定和取消按钮的对话框
prompt(信息字串 , 默认的用户输入信息)	打开一个用户可以输入信息的对话框
focus()	聚焦到窗口
blur()	离开窗口
open(网页地址 , 窗口名 [, 特性值])	打开窗口
close()	关闭窗口
setInterval(函数 , 毫秒)	每隔指定毫秒时间执行调用一下函数
setTimeout(函数 , 毫秒)	指定毫秒时间后调用函数
clearInterval(id)	取消 setInterval 设置
clearTimeout(id)	取消 setTimeout 设置
scrollBy(水平像素值 , 垂直像素值)	窗口相对滚动设置的尺寸
scrollTo(水平像素值 , 垂直像素值)	窗口滚动到设置的位置
resizeBy(水平像素值 , 垂直像素值)	按设置的值相对地改变窗口尺寸
resizeTo(宽度像素值 , 高度像素值)	改变窗口尺寸至设置的值
moveBy(水平像素值 , 垂直像素值)	按设置的值相对地移动窗口
moveTo(水平像素值 , 垂直像素值)	将窗口移动到设置的位置

窗口对象的属性和方法大致可分为三类。

（1）子对象类。例如，文档对象、历史对象、网址对象、屏幕对象、浏览器信息对象等。

（2）窗口内容、位置及尺寸类。例如，新建窗口、多个窗口的控制、在窗口的状态栏中显示信息、滚动窗口的内容等。

（3）输入/输出信息与动画。setTimeout()在第4章中时钟的显示示例中已经使用。

6.3.2　多窗口控制

1. 打开与关闭窗口

通过窗口对象方法window.open()可以在当前网页中弹出新的窗口，语法规则如下：

```
窗口对象=window.open([网页地址,窗口名,窗口特性]);
```

使用窗口对象的close( )方法可以进行关闭窗口的操作。值得注意的是，对于使用窗口对象open( )方法打开的窗口，可以无条件地通过close( )方法进行关闭；对于不是使用窗口对象open( )方法打开的窗口，有些浏览器不允许使用close( )方法进行关闭，有的则会出现确认窗口后才会关闭。

其中，窗口名可以是有效的字串或HTML保留的窗口名，例如，"_self"、"_top"、"_parent"及"_blank"等。窗口特性的格式为“特性名1=特性值1; 特性名2=特性值2; …”的字串，特性名及特性值选项如表6-5所示。

表6-5 窗口特性及其值

特 性 名	意 义	特 性 值
height	窗口高度	单位为像素
width	窗口宽度	单位为像素
top	窗口左上角至屏幕左上角的高度距离	单位为像素
left	窗口左上角至屏幕左上角的宽度距离	单位为像素
location	是否有网址栏	有为1，没有为0；默认为1
menubar	是否有菜单栏	有为1，没有为0；默认为1
scrollbar	是否有滚动条	有为1，没有为0；默认为1
toolbar	是否有工具条	有为1，没有为0；默认为1
status	是否有状态栏	有为1，没有为0；默认为1
resizable	是否可改变窗口尺寸	可以为1；不可以为0；默认为1

图6-3为所示为浏览器窗口各部分的名称。

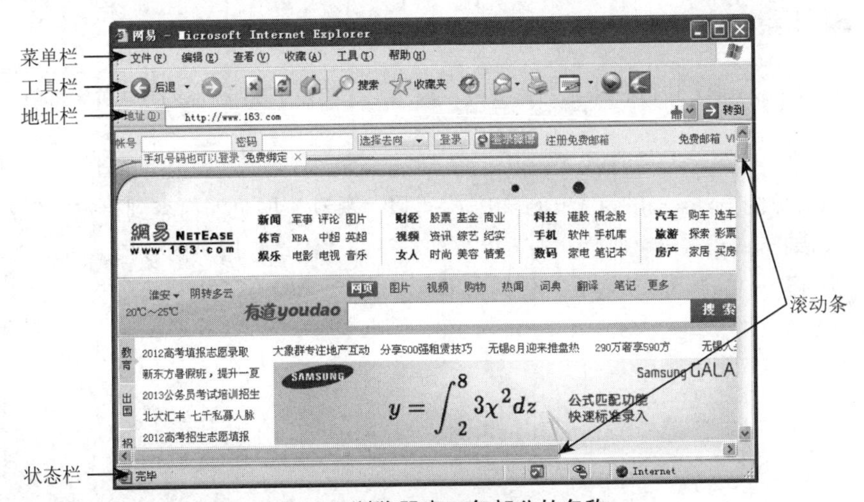

图6-3 浏览器窗口各部分的名称

如果要设置新窗口的尺寸，即新窗口的宽度和高度，可以通过window.open( )语句中的特性width、height设置；如果要设置已有窗口的尺寸，可以通过窗口对象的resizeTo( )和resizeBy( )方法重新设置窗口的尺寸。

如果要设置新窗口的位置，可以通过window.open()语句中的特性top、left设置；如果要设置已有窗口的位置，可以通过窗口对象的moveTo()语句重新设置窗口的位置。

【示例6-3】新建窗口open和close方法与位置控制，代码如下。

打开与关闭窗口函数的定义。

```
  function openwindow() {
    window.open("pop.html","诚招全国代理", "toolbars=0, scrollbars=0, location=0,
statusbars=0, menubars=0, resizable=0, width=400, height=232,top=250, left=400");
  }
  function closewindow(){
```

```
    window.close();
  }
```

表单元素的定义：

```
<form>
    <input type=button value=" 打开窗口 " onClick="openwindow()">
    <input type=button value =" 关闭窗口 " onClick="closewindow()">
</form>
```

运行页面，单击“打开窗口”按钮，运行结果如图6-4所示；单击“关闭窗口”按钮，运行结果如图6-5所示。

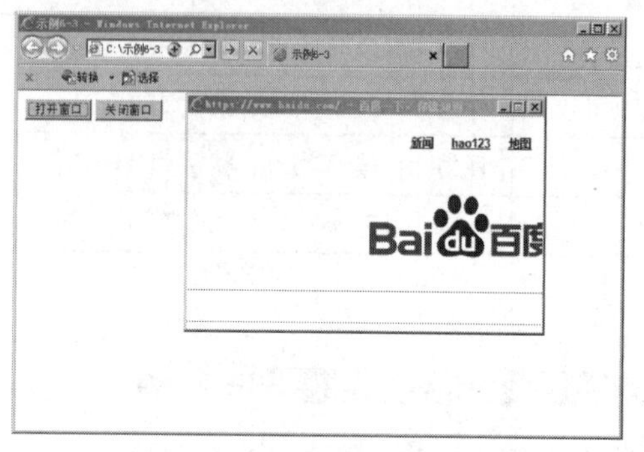

图6-4 open()方法打开窗口

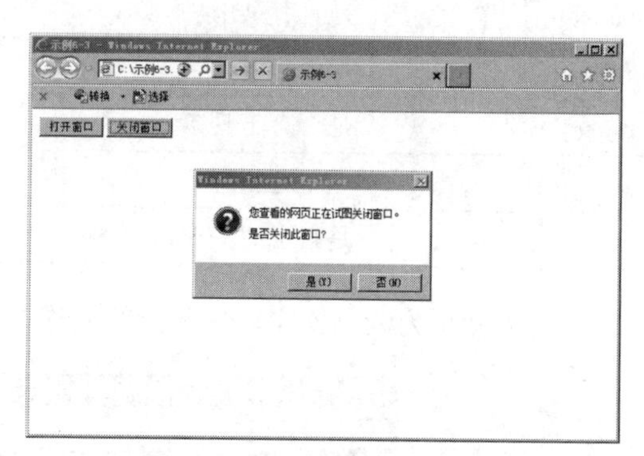

图6-5 close()方法关闭窗口

2. 滚动网页

使用窗口对象的方法scrollTo( )和scrollBy( )可以“移动”网页的内容到指定的坐标位置，如果与动画方法setTimeout( )一起使用，则可以得到真正的“滚动”网页的效果。

【示例6-4】网页自动滚动效果，代码如下：

```
<script language=JavaScript>
   function myWinScroll(){
       window.scrollBy(0,20);
       setTimeout('myWinScroll()',1000);
   }
   myWinScroll();
</script>
```

3. 状态栏内容

使用窗口对象的status属性可以在浏览器窗口的状态栏中显示各种字串，其语法规则为：

```
window.status
```

但是，新版本的浏览器为了用户的安全性，默认状态下是不允许网页修改状态栏的内容的，除非用户修改了浏览器的选项，允许网页中的JavaScript修改状态栏的内容。

6.3.3 输入/输出信息

JavaScript向用户输入/输出信息的方法主要有下述三种。

1. 窗口对象的alert语句

它将信息放在对话框中，主要用于输出各种信息，例如，校验用户输入值失败时的提示信息，调试JavaScript程序时的中间调试信息等。其语法规则是：

```
window.alert(提示信息字串);
```

或

```
alert(提示信息字串);
```

前面章节多次使用，在此不再详细赘述。

2. 窗口对象的confirm语句

它除了输出信息外，还要求用户单击“确定”或“取消”按钮，单击“确定”按钮将返回true，单击“取消”按钮或关闭窗口将返回false。JavaScript程序可以根据用户的回答决定程序的执行内容。其语法规则如下：

```
window.confirm("提示信息字串");
```

或

```
confirm("提示信息字串");
```

3. 窗口对象的prompt语句

它用于要求输入信息内容。其语法规则如下：

```
window. prompt("提示信息字串",默认输入值);
```

或

```
prompt("提示信息字串",默认输入值);
```

【示例6-5】输入/输出信息语句的使用，代码如下：

```
<script language="javascript">
var answer=confirm("要注册用户吗？ ");
if(answer){
   var s=prompt("请输入籍贯","江苏省南京市");
   window.close();
}
else
   alert("程序继续运行！ ");
</script>
```

代码运行，运行结果如图6-6所示；单击“确定”按钮，运行结果如图6-7所示。

图6-6　窗口对象的确认语句

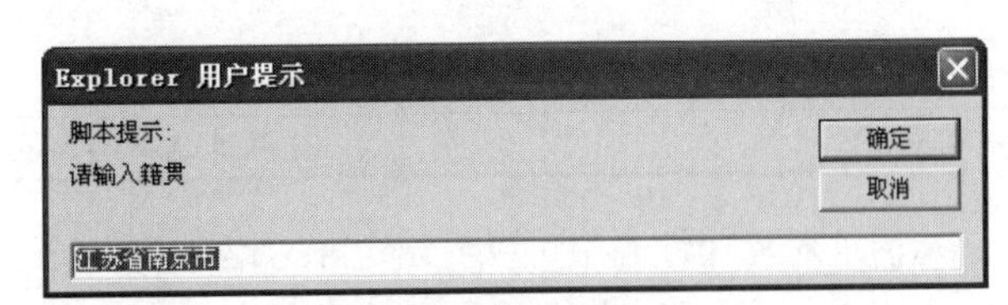

图6-7　窗口对象要求用户输入内容的对话框

6.4　网 址 对 象

网址（location）对象是窗口对象中的子对象，如图6-2所示，它包含了窗口对象的网页地址内容，即URL。网址对象既可以作为窗口对象中的一个属性直接赋值或提取值，也可以通过网址对象的属性分别赋值或提取值。使用网址对象的语法规则如下。

当前窗口：

```
window.location                  //或 location
window.location.属性             //或 location.属性
window.location.方法             //或 location.方法
```

指定窗口：

```
窗口对象 .location
窗口对象 .location.属性
窗口对象 .location.方法
```

6.4.1 网址对象的常用属性和方法

表6-6和表6-7分别为网址对象常用属性和方法。其中网址对象常用属性表中的示例的URL假设为：

```
http://www.ccopyright.com.cn:80/regquery/RgForms.jsp?columnID=702#2
```

表6-6 网址对象常用属性

属　性	意　义	示　例
href	整个url字串	http://www.ccopyright.com.cn:80/regquery/RgForms.jsp?columnID=702#2
protocol	url中从开始至冒号(包括冒号)表示通信协议的字串	http:
hostname	url中服务器名、域名子域名或IP地址	www.ccopyright.com.cn
port	url中端口名	:80
host	url中hostname和port部分	www.ccopyright.com.cn:80
pathname	url中的文件名或路径名	/regquery/RgForms.jsp
hash	url中由#开始的锚点名称	#2
search	url中从问号开始至结束的表示变量的字串	?columnID=702#2

表6-7 网址对象常用方法

属　性	意　义
reload([是否从服务器端刷新])	刷新当前网页，其中“是否从服务器端刷新”的值是true或false
replace(url)	用url网址刷新当前的网页

从网址对象属性表中可以看出，href属性包含了全部URL字串，其他属性则是URL中的某一部分字串，因此，如果按下述程序设置网址：

```
location="http://www.qq.com";
```

等效于：

```
location.href="http://www.qq.com";
```

6.4.2 网址对象的应用实例

可以使用三种方法改变当前网页的网址。

（1）window.open( )的方法。

（2）设置location.href属性的方法。

（3）location.replace( )的方法。

目的：使用网址对象和窗口对象的属性及方法。

【示例6-6】改变当前网页的网址，代码如下：

```
<!-- 方法一：window.open() 的方法 -->
<a href="javascript:window.open('http://www.baidu.com','_self')">
使用 window.open() 的方法打开百度 </a>
<!-- 方法二：设置 location.href 属性的方法 -->
<a href="javascript:window.location.href='http://www.baidu.com'">
使用 location.href 的方法打开百度 </a>
<!-- 方法三：location.replace( ) 的方法 -->
<a href="javascript:window.location.replace('http://www.baidu.com')">
使用 location.replace() 的方法打开百度 </a>
```

这三种方法都改变了当前网页的地址，从而改变了网页的内容，这三种网页的效果是相同的，它们的区别是：window.open( )和location.href实现的改变会记载到浏览器历史列表中，而location.replace( )方法实现的改变不会写入浏览器的历史列表。

6.5　历史记录对象

历史记录（history）对象是窗口对象下的一个子对象，如图6-8所示，它实际上是一个对象数组，包含一系列的用户访问过的URL地址，用于浏览器工具栏中的Back to…（后退）和Forward to…（前进）按钮，如图6-8所示左边两个按钮。使用历史对象的语法规则如下。

当前窗口：

```
window.history.属性              //或 history.属性
window.history.方法 ()           //或 history.方法
```

指定窗口：

```
窗口对象 .history
窗口对象 .history.方法 ()
```

图6-8　浏览器工具栏中的后退按钮和前进按钮

历史对象最常用的属性是length（历史对象长度），它就是浏览器历史列表中访问过的地址个数。例如，单击图6-8中“后退”或者“前进”按钮后方的三角符号“▾”，即可看到浏览器中的历史地址列表。如果在当前网页的“历史对象的个数”链接中要求显示历史对象的个数，使用history.length即可获得。

历史对象常用方法如表6-8所示，其中back( )和forward( )分别对应的是浏览器工具栏中的“前进”“后退”按钮，通过方法go( )可以改变当前网页至曾经访问过的任何一个网页。因此，history.back( )与history.go(-1)等效，history.forward( )与history.go(1)等效。

表6-8　历史对象常用方法

方　法	意　义
back()	显示浏览器的历史列表中后退一个网址的网页
forward()	显示浏览器的历史列表中前进一个网址的网页
go(n) 和 go(网址)	显示浏览器的历史列表中第 n 个网址的网页，n>0 表示前进，n<0 表示后退或显示浏览器历史列表中对应的“网址”网页

值得注意的是，如果go( )中的参数n超过了历史列表中的网址个数，或者go()中的参数“网址”不在浏览器的历史列表中，这时不会出现任何错误，只是当前网页没有发生变化。

6.6 框架对象

6.6.1 框架对象的常用属性和方法

框架（frame）对象是由HTML中的<frame>标记产生的，它实际上就是窗口下独立的一个窗口，因此，它具有与窗口对象几乎相同的属性和方法；与真正的窗口对象不同的是，它总是与上一级的窗口对象在同一个浏览器的窗口中。

例如，要引用框架对象中的窗体元素时的语法规则如下：

```
窗口对象.框架对象.文档对象.窗体对象.窗体对象元素
```

在多框架对象中，要从一个框架对象中引用另一个框架中的窗体元素时，就可以使用窗口对象中的关系属性parent。

```
parent.另一框架对象.文档对象.窗体对象.窗体对象元素
```

同样，可以使用上述方法从一个框架对象中引用另一个框架中的函数或全局变量，即：

```
parent.另一框架对象.JavaScript 函数名
parent.另一框架对象.JavaScript 全局变量名
```

对于不同的浏览器，会有不同的框架对象。例如，对于IE浏览器，还提供了HTML标记为<iframe>的嵌入式框架对象，它与<iframe>框架对象的区别在于：<frame>框架对象只能是上下分布或水平分布，而<iframe>则可以嵌入在网页的任何位置。

框架对象的常用属性与方法详见表6-3及表6-4中的窗口对象的属性与方法，对于一些特殊的属性和方法，请参见各种浏览器提供的参考手册。

6.6.2 框架对象的应用实例

1. 在一个框架对象中控制另一个框架对象

【示例6-7】在一个框架中输入网页地址，然后在另一个框架中打开，效果如图6-9所示。

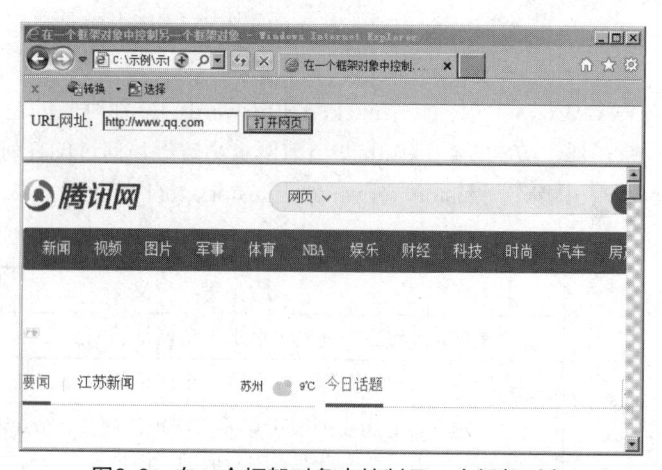

图6-9 在一个框架对象中控制另一个框架对象

框架组HTML代码：

```
<html>
    <head>
    <title>在一个框架对象中控制另一个框架对象</title>
    <frameset rows="60,*">
       <frame src="1.html" name="toppage">
       <frame src="2.html" name="main">
    </frameset><noframes></noframes>
</html>
```

框架顶部页面1.html程序：

```
<html>
    <head>
    <script language="javascript">
    function openInFrame(){
        parent.main.location.href=window.document.form1.txtURL.value;
    }
    </script>
    </head>
    <body>
    <form name="form1" >
    URL 网址：<input type="text" name="txtURL" />
            <input type="button" value="打开网页" onclick="openInFrame();"
    </form>
    </body>
</html>
```

下部框架程序2.html程序：

```
<html>
    <head>
    </head>
    <body>
        How are you!
    </body>
</html>
```

程序说明：

框架组文档定义了两个框架页面，分别由1.html和2.html组成。其中2.html是一个空页面。1.html中包含了一个文本框和按钮，按钮的onclick事件调用openInFrame()函数，该函数通过使用parent.main.location.href将当前文本框中的用户输入值作为2.html的网址。

值得注意的是，toppage和main是并列的两个框架页面，因此parent就是框架组文件表示的窗口，通过parent.main会从当前的toppage框架转换到另一个框架main。

【示例6-7拓展】如果添加一个按钮清空main框架中的内容，则将程序进行修改，首先添加一个clearFrame( )函数，代码如下：

```
function clearFrame(){
    parent.main.location.href="about:blank";
}
```

然后添加一个“清空网页”按钮，代码如下：

```
<input type="button" value="清空网页" onclick="clearFrame();">
```

【示例6-8】向框架页面中写入内容。

在上部框架页面中添加一个按钮“网页中写内容”，单击后在下部框架中输出新的网页内容，连续单击后效果如图6-10所示。

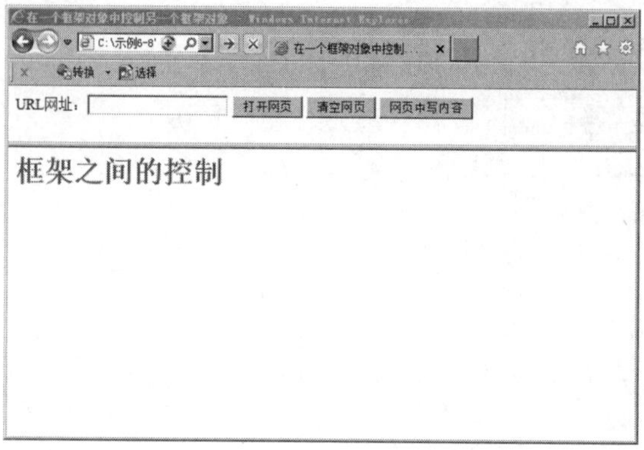

图6-10　向框架页面中写入内容

函数编写如下：

```
function writeFrame(){
    parent.main.document.open();
    parent.main.document.write("<h1><font color=red> 框架之间的控制 </font></h1>");
    parent.main.document.close();
}
```

然后添加一个“网页中写内容”按钮，代码如下：

```
<input type="button" value=" 网页中写内容 " onclick="writeFrame();">
```

用同样的方法，在上部1.html中添加两幅图片，单击图片链接，在下部框架中显示大图效果，如图6-11所示。

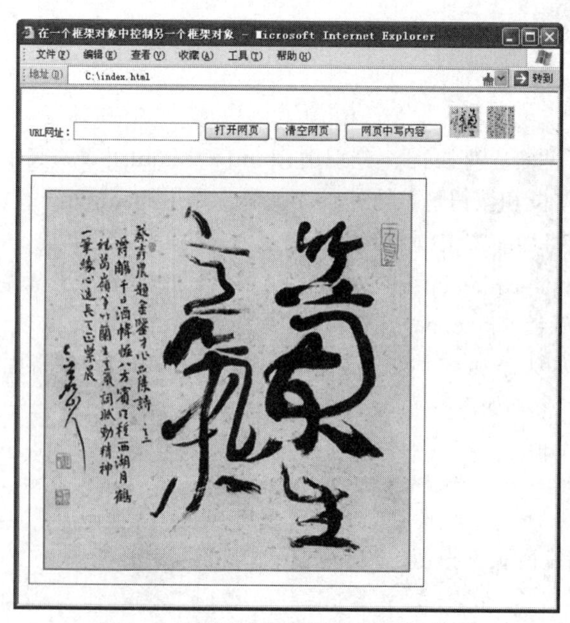

图6-11　框架之间按显示图片的效果

显示图片的函数如下：

```
function showImage(imgName){
    var s=document.images[imgName].src;
    parent.main.document.open();
    parent.main.document.write('<img src="'+imgName+'">');
    parent.main.document.close();
}
```

然后图片链接，代码如下：

```
<a href="javascript:showImage('image1');">
    <img src="images/w1.jpg" name="image1" height="40" border="0">
</a>
<a href="javascript:showImage('image2');">
    <img src="images/w2.jpg" name="image2" height="40" border="0">
</a>
```

2．控制框架的尺寸

【示例6-9】 改变窗口框架的尺寸大小。文本框中输入30%后单击“重置尺寸”按钮，即可修改框架的尺寸，界面如图6-12所示。

修改框架尺寸的函数如下：

```
function reSizeFrame(){
    var m=window.document.form1.resize1.value;
    m=m+",*";
    parent.document.body.rows=m;
}
```

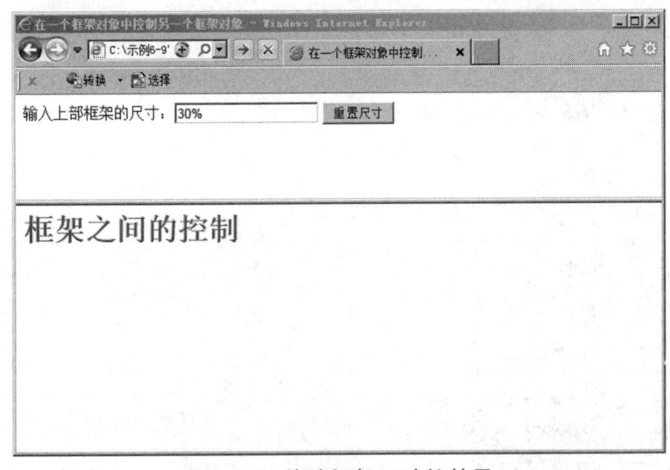

图6-12　修改框架尺寸的效果

表单设置代码如下：

```
<form name="form1">
    输入上部框架的尺寸：<input type="text" name="resize1" />
    <input type="button" value="重置尺寸" onClick="reSizeFrame();">
</form>
```

3．使用隐藏框架

在示例6-9中输入100%时，上部框架将占满整个屏幕，下部框架实际上仍然存在，照常可以通过前面使用的各种方法得到下部框架的网页内容，这时下部框架称为“隐含框架”。

“隐含框架”的作用很多，最常用的是在编程的时候与动态页面一起使用，为了不是当前的页面刷新而将当前网页的状态通过隐含框架发送到服务器端。

【示例6−10】图6-13所示为要输入大量信息的窗体，其中下拉菜单中的选项将对应两个不同的选项列表，因此，每个用户选择了下拉列表项后都要到服务器端得到其对应的选项列表内容。为了避免频繁地刷新屏幕，使用隐含框架将信息送至服务器端，然后通过JavaScript程序显示列表的内容。

目的：使用隐含框架模拟动态程序的运行过程。

（a）默认运行状态

（b）选择“低收入”的状态

（c）选择“高收入”的状态

图6−13　隐含窗体效果

（1）上部网页1.html页面的代码编写。

```
<html>
    <head>
    <script language="javascript">
        function reSizeFrame(){
          parent.document.body.rows="100%,*";
        }
        function changeList(){
          parent.main.document.location.href="2.html?type="+document.
form1.wages.value;
        }
    </script>
    </head>
    <body onLoad="reSizeFrame()">
        <form name="form1">
        姓名：<input type="text" name="username" /><br>
        地址：<input type="text" name="useraddress" /><br>
        邮编：<input type="text" name="usercode" /><br>
        <select name="wages" onChange="changeList()">
          <option value="0">请选择收入情况</option>
          <option value="little">低收入</option>
          <option value="more">高收入</option>
        </select><br>
        <div id="displaywages"></div>
        </form>
```

```
    </body>
</html>
```

说明：

① 该程序定义了reSizeFrame（ ）函数，然后在body标签处调用onload事件调用了reSizeFrame，从而实现了框架的满屏显示，隐藏下部框架2.html页面。

② 程序中定义下拉框命名为wages，同时设置了onchange事件调用changeList( )，当改变选项时执行函数changeList( )，从而将下拉列表框wages的值传递到了页面2.html。从而使得当选择“低收入”时下部框架页面2.html的网址为2.html?type=little；当选择“高收入”时下部框架页面2.html的网址为2.html?type=more。

（2）下部框架网页2.html页面的代码编写。

下面编写下部框架页面2.html的程序。在实际应用中该程序应由动态网页产生，即从服务器端查询数据库后返回结果给该页面，在此大家仅用静态网页的方法模拟返回数据。

代码如下：

```
<script language="javascript">
    var wageStr="";
    if(location.search.indexOf('little')>-1)
        wageStr+='<input type="text" value="1500 ~ 5000">';
    else if(location.search.indexOf('more')>-1)
        wageStr+='<input type="text" value="5000 ~ 50000">';
    parent.toppage.document.getElementById('displaywages').innerHTML=wageStr;
</script>
```

说明：

① 该程序直接用JavaScript输出HTML内容，通过对location.seach变量字串的条件判断获知选择的是“高收入”还是“低收入”选项，从而将结果赋给字串wageStr。

② 程序中还使用了getElementById()方法和innerHTML属性。getElementById()能够获取文档元素，它的功能就是在网页上刷新了指定id区域中的HTML内容，在示例中刷新了上部1.html中<div id="displaywages"></div>中的HTML的内容。

6.7　实例：窗口对象的控制

6.7.1　学习目标

熟练掌握JavaScript的常用窗口对象。

6.7.2　实例介绍

编写一个简易的购物车，如图6-14所示，当单击“提交订单”按钮时弹出图6-15所示对话框，单击“全屏显示”按钮弹出有模式窗口，如图6-16所示。

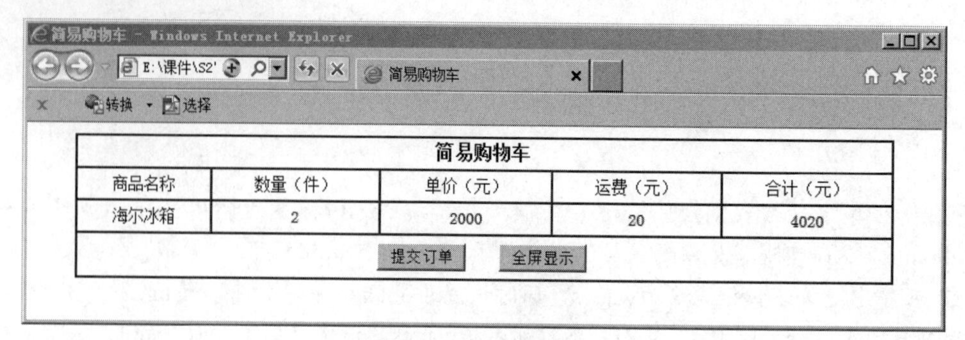

图6-14　简易购物车

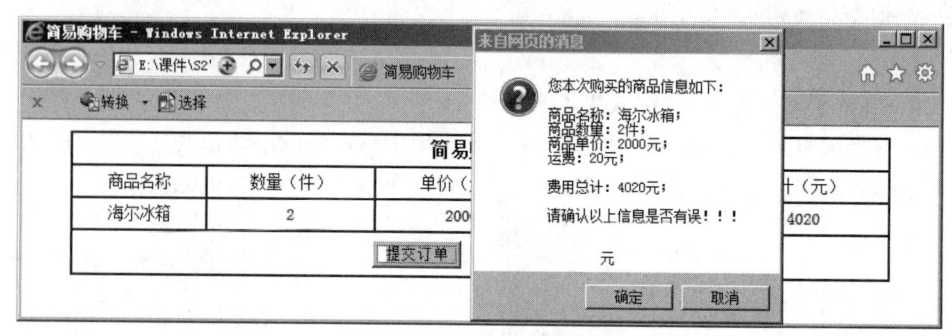

图6-15　提交订单确认窗体

简易购物车				
商品名称	数量（件）	单价（元）	运费（元）	合计（元）
海尔冰箱	2	2000	20	4020
提交订单　全屏显示				

图6-16　电脑全屏显示界面

6.7.3　实施过程

根据实例界面与要求，实例过程可以分为以下三步。

（1）编写主页购物车的页面。

HTML代码如下：

```
<table width="600" border="1" cellspacing="0" cellpadding="0" id="main">
  <form action="" method="post"><tr>
     <td colspan="5" style="height:30; text-align:center; font-weight:
bold; font-size:16px;">简易购物车</td>
   </tr>
```

```
    <tr>
      <td>商品名称</td>
      <td>数量（件）</td>
      <td>单价（元）</td>
      <td>运费（元）</td>
      <td>合计（元）</td>
    </tr>
    <tr>
      <td>海尔冰箱</td>
      <td>2</td>
      <td>2000</td>
      <td>20</td>
      <td>4020</td>
    </tr>
    <tr>
      <td colspan="5" style="height:35px;"><input type="button" name="btn"
id="btn" value="提交订单"  />    <input name="fulls" type="button"
value="全屏显示" /> </td>
    </tr></form>
  </table>
```

（2）编写“提交订单”“全屏显示”按钮控制函数。

函数编写的代码如下：

```
  function shop(){
      var flage=confirm("您本次购买的商品信息如下：\n\n商品名称：海尔冰箱；\n商品数量：
2件；\n商品单价：2000元；\n运费：20元；\n\n费用总计：4020元；\n\n请确认以上信息是否
有误！！！");
      if(flage){
          alert("您的订单已提交");
      }
  }
  function full_screen(){
      window.open("shopping.html","","fullscreen=yes");
  }
```

（3）编写“提交订单”“全屏显示”按钮事件处理。

```
  <input type="button" name="btn" id="btn" value="提交订单"  onclick="shop()"/>
    <input name="fulls" type="button" value="全屏显示" onclick=
"full_screen()" />
```

6.7.4 实例拓展

大家可以将全屏显示做成弹出模式窗体看看是什么效果。

习　题

1. 下列选项中（　　）可以打开一个无状态栏的页面。

   A. window.open("http://www.baidu.com");

   B. window.open("http://www.baidu.com","广告","toolbar=1,scrollbars=0,status=1");

C. window.open("http://www.baidu.com","","scrollbars=1,location=0,resizable=1,status=0");

D. window.open("http://www.baidu.com","","toolbars=0,scrollbars=1,location=1,status=no");

2. 在一个注册页面中，如果填完注册信息后单击“注册”按钮，使用window对象的（　　）方法会弹出图6-6所示的确认对话框，并且根据单击“确定”或“取消”按钮的不同，实现不同的页面程序。

A. confirm( );　　B. ptompt( );

C. alert( );　　D. open( );

第7章 事件处理

7.1 事件的基本概念

7.1.1 什么是事件

事件是用户在访问页面时执行的操作。当浏览器探测到一个事件（如鼠标单击或按键）时，它可以触发与这个事件相关联的JavaScript对象，这些对象称为事件处理程序。事件处理是一项重要技术，它包含了用户与页面的所有交互。

7.1.2 事件处理程序的调用

在使用事件处理程序对页面进行操作时，最主要的是如何通过对象的事件来指定事件处理程序，其指定方式主要有以下三种。

（1）HTML标记通过事件直接使用JavaScript脚本。

该方法是直接在HTML标记中指定事件处理程序，如在<body>和<input>标记中指定。

通过HTML标记使用事件的语法格式如下：

```
<标记 … 事件 =" 事件处理程序 "  [ 事件 =" 事件处理程序 " …]>
```

例如：

```
<input id="Button1" type="button" value="button1"  onclick='alert
("Hello!");' />
```

（2）静态设置函数调用。

将事件处理的语句块写到一个函数中，为按钮的onclick属性指定函数调用的文本即可。通过HTML标记使用事件的语法格式如下：

```
<标记 … 事件 =" 函数名 ()" [ 事件 =" 函数名 ()" …]>
```

例如：

```
<input id="Button1" type="button" value="button1" onclick="button_Click_1();"/>
```

（3）动态设置函数引用对象。

本方法主要是通过JavaScript代码使用事件，该方法是在JavaScript脚本中直接对各种对象的事件以及事件所调用的函数进行声明，不用在HTML标记中指定要执行的事件。

语法格式如下：

```
对象名 .onclick = 函数名 ;
```

例如：

```
Button1.onclick = button_Click_1;
```

或者在HTMl代码中调用，例如：

```
<input id="Button1" type="button" value="button1"  onclick='alert("Hello! ");' />
```

【示例7-1】根据分辨率判断，打开不同的网页。

```
<input id="Button1" type="button" value="button1"  onclick='alert("我是"
 + this.value);alert("我被鼠标点中了！ ");' />
<input id="Button2" type="button" value="button2"  onclick="button_Click_1
(this);"/>
<input id="Button3" type="button" value="button3"/>
<input id="Button4" type="button" value="button4" />
<script language="javascript">
    function button_Click_1(btn) {
        alert("我是" + btn.value);
        alert("我被鼠标点中了！ ");
    }
    function button_Click_2() {
        var s="我是" + this.value + "<br >";
        s+="我被鼠标点中了！ ";
        display(s);
    }
    document.getElementById("Button3").onclick=button_Click_2;
    document.getElementById("Button4").onclick=button_Click_2;
    function display(msg) {
        document.getElementById("info").innerHTML=msg;
    }
</script>
```

运行代码，页面效果如图7-1（a）所示，单击“button2”按钮的结果如图7-1（b）所示，单击“button3”结果如图7-1（c）图所示。

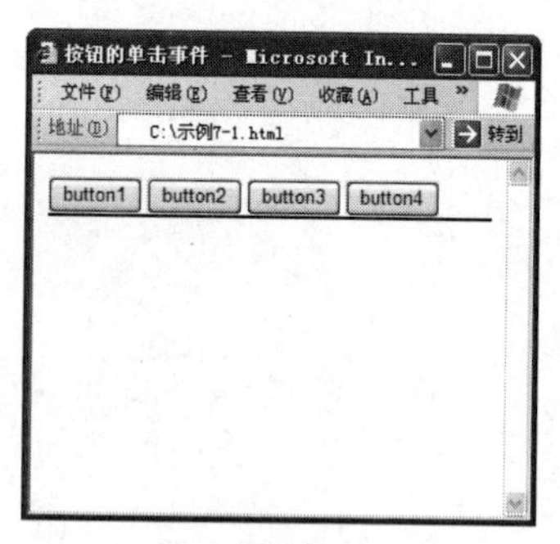

（a）原始状态

（b）通过button2按钮触发事件

（c）通过button3按钮触发事件

图7-1　单击按钮触发事件后的效果

说明：

本示例中对于动态事件的设定也可以采用如下格式：

对象.setAttribute("属性名", 属性值");

如：document.getElementById("Button3").setAttribute("onclick", "button_Click_1(this);");

7.1.3　JavaScript的常用事件

常见的事件如表7-1所示，应重点学习制作网页时常用的事件。

表7-1　JavaScript中的常见事件

事件名称	含　义	详细说明
onClick	鼠标单击	单击按钮、图片、文本框、列表框等
onChange	内容发生改变	如文本框的内容发生改变
onFocus	获得焦点（鼠标）	如单击文本框时，该文本框获得焦点（鼠标），产生 onFocus（获得焦点）事件
onBlur	失去焦点（鼠标）	与获得焦点相反，当用户单击别的文本框时，该文本框失去焦点，产生 onBlur（失去焦点）事件
onMouseOver	鼠标悬停事件	当移动鼠标，停留在图片或文本框等的上方时，就产生（鼠标悬停）事件
onMouseOut	鼠标移出事件	当移动鼠标，离开图片或文本框所在的区域，就产生 onMouse Out（鼠标移出）事件
onMouseMove	鼠标移动事件	当鼠标在图片或层 <div> 或 <span> 等 HTML 元素上方移动时，就产生（鼠标移动）事件
onLoad	页面加载事件	HTML 网页从网站服务器下载到本机后，需要 IE 浏览器加载到内存中，然后解释执行并显示。浏览器加载 HTML 网页时，将产生 onLoad（页面加载）事件
onSubmit	表单提交事件	当用户单击提交按钮，提交表单信息时，将产生 onSubmit（表单提交）事件
onMouseDown	鼠标按下事件	当在按钮、图片等 HTML 元素上按下鼠标时，将产生 onMouse Down 事件
onMouseUp	鼠标弹起事件	当在按钮、图片等 HTML 元素上释放鼠标时，将产生 onMouse Up 事件
onResize	窗口大小改变事件	当用户改变窗口大小时产生，例如窗口最大化、窗口最小化、用鼠标拖动改变窗口大小等

下面通过几个示例再次认识事件的应用。

【示例7-2】使用onChange事件结合location对象制作跳转菜单。代码如下：

表单设置的HTML代码如下：

```
<form name="myform">
   <img src="spring.jpg" width="400"><br>
   风景名胜浏览
   <select name="menu1" onChange="jump( )" >
        <option>--- 请选择景点名称 --</option>
        <option value="http://www.wystr.com/">武夷山</option>
        <option value="http://www.shaolin.org.cn/">少林寺</option>
        <option value="http://www.huangshan.gov.cn/">黄山</option>
```

```
    </select>
</form>
```

响应事件的JavaScript代码如下：

```
function jump(){
  location.href=document.myform.menu1.value;
}
```

运行代码，单击下拉列表框，选择“黄山”，效果如图7-2（a）所示，完成选择后就触发了onChange事件调用了Jump()函数，将本页面的location跳转到如图7-2（b）图所示的黄山页面。

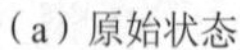
（a）原始状态

（b）通过button2按钮触发事件

图7-2　onChange事件的应用

【示例7-3】使用onBlur事件与onFocus 事件结合自定义函数友好提示用户输入界面。

（1）onBlur事件。

表单元素失去焦点或光标移出元素时，就会调用onBlur事件。

文本框失去焦点或光标移出文本框时，以下代码将调用myfunc ()函数。

```
<input type="text" value="" name="txtName" onBlur="myfun2()">
```

（2）onFocus事件。

当用户单击文本框时，文本框获得鼠标的光标，提示用户输入。这时用户习惯性地称该文本框得到焦点；同样，当用户填完数据，鼠标移动到另一个输入框时，大家习惯性地称该文本框失去焦点，产生了失去onBlur焦点事件。

有的网页的文本框输入要求一定的格式，很多网站将提示信息显示在文本框中，当用户单击文本框准备输入时，文本框中的提示信息将自动消失。

文本框获取焦点时，以下代码将调用myfunc()函数。

```
<input type="text" value="" name="txtName" onFocus="myfun1()" >
```

表单设置的HTML代码如下：

```
<form name="myform">
  <h2> 编号:
  <input type="text" name ="card" onFocus="myfun1()" onBlur= "myfun2()"value=
" 请注意格式: 10xxx">
```

```
  <br>
  密码: <input type="text" name ="pass"></h2>
</form>
```

表单控件的CSS样式设置如下：

```
input {
    background-color:#CFF;
    font-size: 18px;
    border: 1px solid;
    padding:5px;
}
```

响应事件的JavaScript中myfun1()与myfun2()两个函数的代码如下：

```
function myfun1( ){
   if(document.myform.card.value==" 请注意格式: 10xxx")
      document.myform.card.value="" ;
}
function myfun2( ){
  var a=document.myform.card.value;
  if(a.substr(0,2)!="10" || isNaN(a)) {
    alert(" 格式错误，请重新输入 ") ;
    // 再次获得焦点，即鼠标光标回到编号文本框
    document.myform.card.focus();
  }
}
```

代码运行，页面效果如图7-3（a）所示；当鼠标聚焦到“编号”文本框后，“请注意格式：10xxx”将自动消失，页面效果如图7-3（b）所示；如果不输入任何内容，使其失去焦点，则页面将会提示“格式错误，请重新输入”，页面效果如图7-3（c）所示。

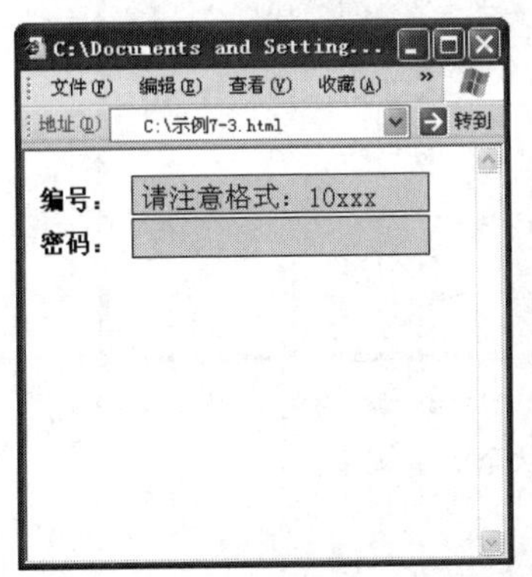

（a）默认状态

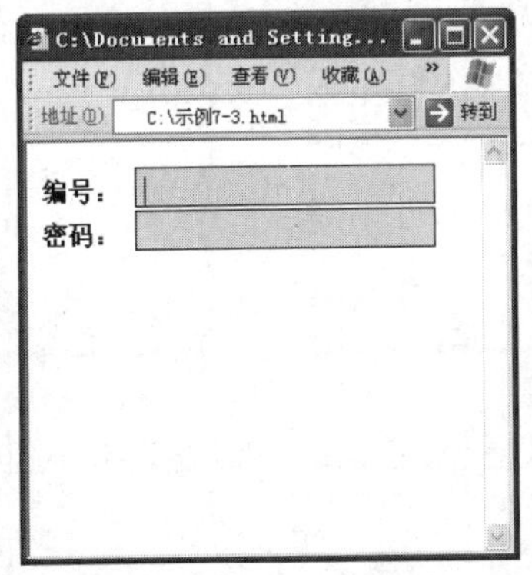

（b）“编号”文本框聚焦状态

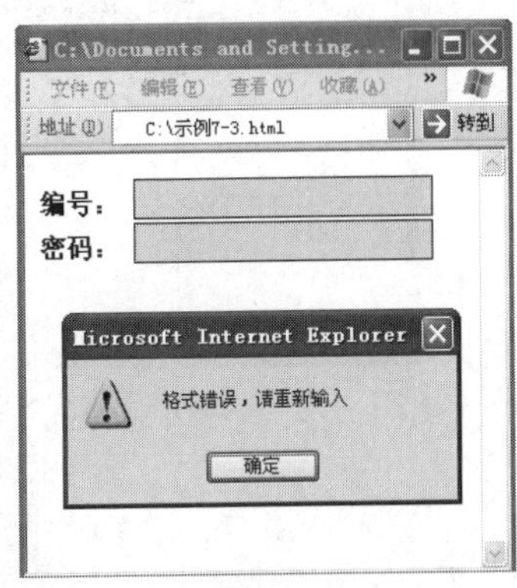

（c）格式验证效果

图7-3　onBlur与onFocus事件的应用效果

【示例7-4】使用onMouseOver事件与onMouseOut事件改变按钮的背景颜色。

（1）onMouseOver事件。

每当鼠标光标移到元素上时，都会生成onMouseOver事件。此事件主要用于层或图片链接。当鼠标光标移动到应用层或图片的区域上时，就会激活onMouseOver事件。

（2）onMouseOut事件。

每当鼠标光标移出元素时，都会生成onMouseOut事件。此事件主要用于层或图片链接。例如，

很多网站上的图片广告，当鼠标移过去时会切换到别的图片，当鼠标移走时又恢复为原来的图片。

表单设置的HTML代码如下：

```
<form name="myform" method="post" action="">
   <input type="submit" name="but1" id="but1" value="提交"  onMouseOver=
"myfun1()"
    onMouseOut="myfun2()">
</form>
```

表单控件的CSS样式设置如下：

```
input {width:82px;
    height:23px;
    background-image: url(images/back1.jpg);
    border:0px;
}
```

响应事件的JavaScript代码如下：

```
function myfun1(){
   var but1=document.getElementById('but1');
   but1.style.backgroundImage='url(images/back2.jpg)';
}
function myfun2(){
   var but1=document.getElementById('but1');
   but1.style.backgroundImage='url(images/back1.jpg)';
}
```

运行代码，页面效果如图7-4（a）图所示。

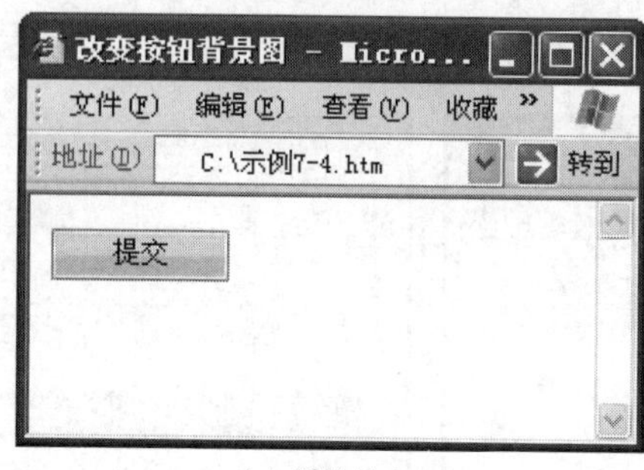

（a）默认状态

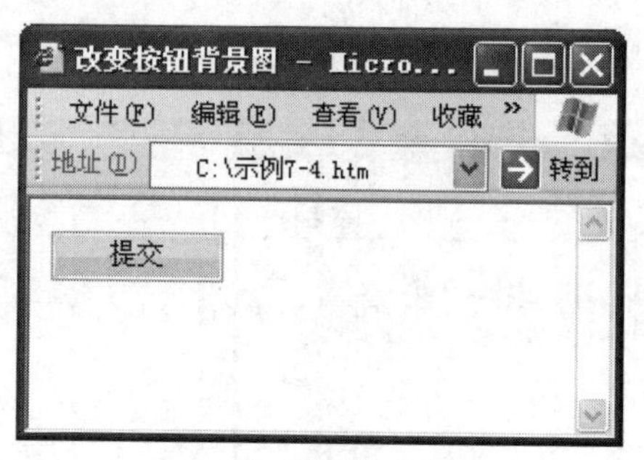

（b）鼠标经过状态

图7-4　按钮的默认状态与鼠标经过状态

说明：

也可以将所有的事件与样式全部包含在HTML代码中，代码简化如下：

```
<form name="form1" method="post" action="">
   <input type="submit" name="Submit" value="提交"
   style="width:82px; height:23px;background-image: url(images/back1.jpg);
border:0px; "
   onMouseOver="this.style.backgroundImage='url(images/back2.jpg)';"
   onMouseOut="this.style.backgroundImage='url(images/back1.jpg)';">
</form>
```

7.2 表单元素相关的事件处理程序

JavaScript程序是典型的事件驱动程序，也就是说，当事件发生时，将执行与之关联的JavaScript代码。事件是由于用户的交互而在网页上进行的操作。事件处理程序指定发生特定事件时执行哪个JavaScript代码。

以下是发生（触发）事件的一些典型情况。

（1）单击按钮时。

（2）调整网页大小时。

（3）在一组选项中选中一个选项时。

（4）提交表单时。

文本框、文本区域、按钮和复选框等各种表单元素都支持不同类型的事件处理程序。

7.2.1 文本框对象相关事件

文本框元素用于在表单中输入字、词或一系列数字。可以通过将HTML标签INPUT中的Type设置为Text来创建文本框元素。

表7-2列出了文本框对象的一些常用事件处理程序。

表7-2 文本框对象的事件处理程序

分　类	属性事件与方法	说　明
事件	onBlur	文本框失去焦点
	onChange	文本框的值被修改
	onFocus	光标进入文本框中
方法	focus( )	获得焦点，即获得鼠标光标
	select( )	选中文本内容，突出显示输入区域
属性	readonly	只读，文本框中的内容不能修改

（1）onFocus和onBlur事件。前面曾学习过这两个事件，每当某个表单元素变为当前表单元素时，就会发生onFocus事件。元素只有在拥有焦点时，才能接收用户输入。当用户在元素上单击鼠标或按<Tab>键或<Shift+Tab>组合键时，就会发生这种情况。

（2）onChange事件。onChange事件将跟踪用户在文本框中所做的修改，当用户在文本框中完成修改之后，将激活该事件。

（3）select()方法。选中文本内容，突出显示输入区域，一般用于提示用户重新输入。

（4）readonly属性。有时希望用户不能修改某些文本框，例如，某个电子网站的商品价格是卖方确定，所以不希望用户修改，这时可以指定readonly只读属性。

【示例7-5】文本框相关事件属性与方法的综合应用，如图7-5所示。

本例与示例7-3类似，页面打开时，“账号”文本框中显示提示信息“输入您的会员账号”，一旦用户单击“账号”文本框，准备输入时，“账号”文本框将自动清空，如图7-6所示。

图7-5 文本框相关事件综合应用

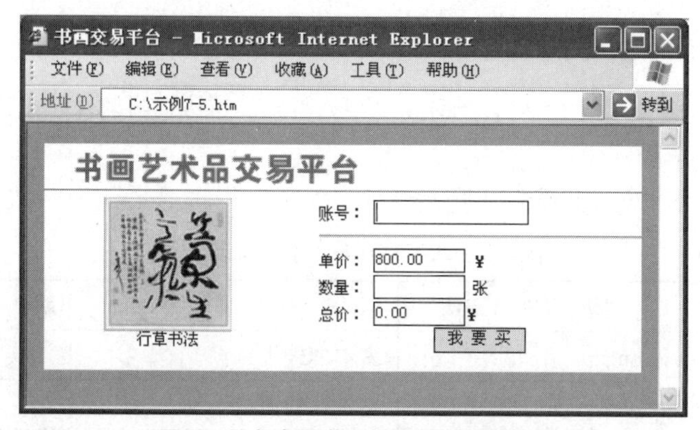

图7-6 文本框获取焦点后内容清空

“账号”文本框要求输入格式必须是10打头，并且必须是数字，当用户输入错误并单击下一个文本框时，将弹出错误提示警告框，并选中“账号”文本框中的内容，提示用户重新输入，此功能与示例7-3相似。

用户输入正确的账号后，“单价”不用输入，且不能修改，即为只读。用户在“数量”文本框中输入相应数量，然单单击“总价”文本时，将自动计算总价，如图7-7所示。

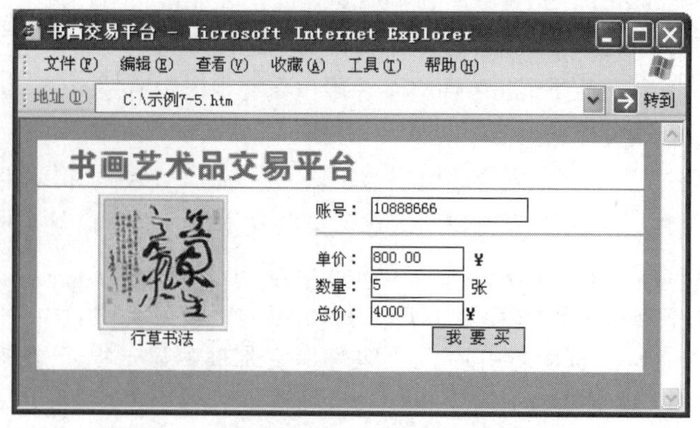

图7-7 文本框的onChange事件处理程序

实现过程如下：

（1）利用Dreamweaver工具设计页面，采用7行2列的表格布局，设置表格和页面的背景色，如图7-8所示。

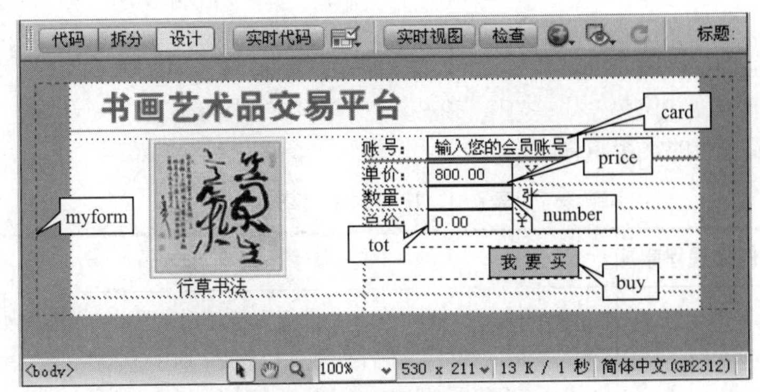

图7-8　页面表单设计

核心HTML代码如下：

```
<form name="myform">
   账号:
  <input name="card" type=text  id="card" onFocus="clearText()" onBlur=
"check()" value="输入您的会员账号" size="18">
   单价:<input name="price" type=text id="price" value="800.00" size="10"
 readonly >¥
   数量:<input name="number" type=text id="number" size="10" onChange=
 "compute()">张
   总价:<input name="tot" type=text id="tot"  value="0.00" size="10" >¥
   <input name="buy" type="button" id="buy" value="我 要 买">
</form>
```

（2）添加脚本代码及相关函数。

添加的页面JavaScript代码如下：

```
function  clearText(){
   if(document.myform.card.value=="输入您的会员账号")
      document.myform.card.value="" ;
   }
function check(){
  var a=document.myform.card.value;
  if(a.substr(0,2)!="10" || isNaN(a))   {
      alert("格式错误，请重新输入，必须以10开头！") ;
      //再次获得焦点，即鼠标光标回到"账号"文本框
      document.myform.card.focus();
      //选中"账号"文本框中的文本内容，提示重新输入
      document.myform.card.select();
  }
}
function compute(){
   document.myform.tot.value=document.myform.price.value * document.myform.
number.value;
  }
```

7.2.2 命令按钮对象相关事件

命令按钮对象是网页中最常用的元素之一。通过修改<input>元素的TYPE属性，可以将命令按钮用作“提交”按钮和“重置”按钮或其他用途的一般按钮，如下所示。

```
<input name="mybutton1" type="submit" value="提交">
<input name="mybutton2" type="reset" value="重置">
<input name="mybutton3" type="button" value="计算">
```

表7-3列出了按钮的常用事件。

表7-3 按钮的常用事件

按钮类型	事件处理程序	说明
按钮	onSubmit	表单提交事件，单击“提交”按钮时产生，此事件属于 <form> 元素，不属于提交按钮，事件处理代码为： <form onSubmit="return 函数">…</form>
普通按钮	onClick	按钮单击事件

onClick事件比较熟悉，在此重点学习onSubmit表单提交事件。

当客户端单击“提交”按钮，准备提交表单信息到远程服务器时，将产生onSubmit表单提交事件。利用此事件可以在表单信息提交到服务器之前，检验客户端输入的数据是否合法、有效，如大家比较熟悉的电子邮件格式是否正确、年份输入是否合法等。

【示例7–6】演示“注册”按钮对象和“重置”按钮对象的用法以及密码验证。

单击“注册”按钮将调用与onSubmit事件关联的验证函数，以检查两个密码是否匹配。如果匹配，则首先检查密码是否为空。如果不为空，则显示“欢迎”消息；否则，显示“确认码必须和输入的密码相同！”，如图7-9所示。

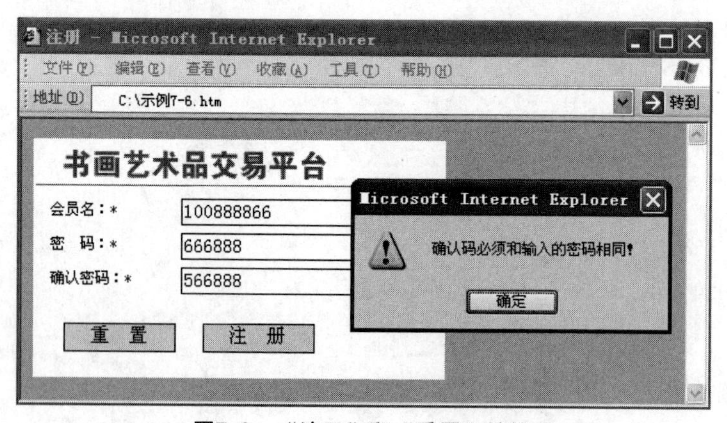

图7-9 “注册”和“重置”按钮

“重置”按钮对象的功能集成于浏览器中。因此，单击“重置”按钮将重置表单中的所有组件。在此示例中，单击“重置”按钮将自动清除文本框中的内容，而无须另外编写代码。

（1）利用Dreamweaver工具设计页面，采用7行2列的表格布局，设置表格和页面的背景色，如图7-10所示。

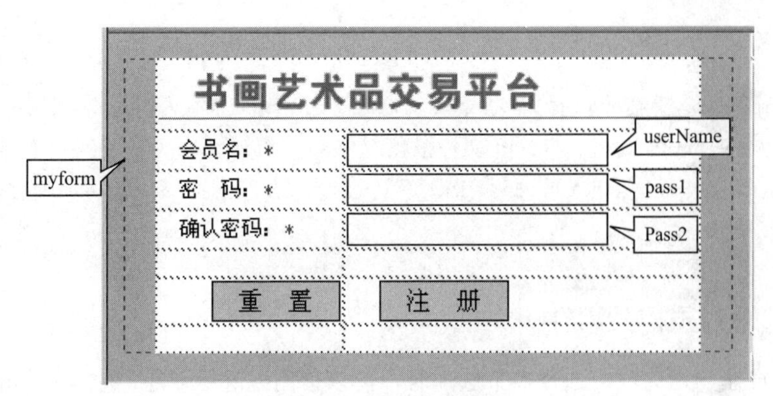

图7-10 页面表单设计

核心HTML代码如下：

```
<form action="" method="post" name="myform" onSubmit="return check()">
   会员名： <input maxlength=32 size=20 name="userName">
   密  码： <input name="pass1" type="text" id="pass1" size=20 maxlength=32>
   确认密码： <input name="pass2" id="pass2" size=20 maxlength=32>
   <input name="register" type="reset" id="register" value=" 重  置 ">
   <input name="register" type="submit" id="register" value=" 注  册 ">
</form >
```

注意：

onSubmit事件属于<form>表单元素，所以位于<form>标签内。onSubmit="return check()"将根据返回的真假值来决定是否提交表单数据。

（2）添加脚本代码及相关函数。

添加的页面JavaScript代码如下：

```
function check(){        //函数check()检查是否输入密码，并要求确认密码和输入密码相同
 var userName=document.myform.userName.value;
 var pass1=document.myform.pass1.value;
 var pass2=document.myform.pass2.value;
 if(pass1==pass2) {
     if(pass1.length!=0) {
         document.write("<h2>恭喜您，注册成功！欢迎"+userName+"光临！</h2>");
         return true;
     }
    else {//如果有误，返回false，不提交表单数据到服务器，直到客户端数据填写正确为止
        alert("密码不能为空！\n请输入密码");
        return false;
    }
 }
 else {
    alert("确认码必须和输入的密码相同！");
    return false;
 }
}
```

提示：

onSubmit事件属于<form>表单元素，所以位于<form>标签内，千万别写在了“提交”按钮标签内。onSubmit="return check( )"将根据返回的真假值来决定是否提交表单数据，如果check()函数返回true，则提交表单到远程服务器；如果返回false，则不提交，直到客户端填写数据正确为止。

7.2.3 复选框对象相关事件

当需要用户在一列选项中选择多个选项时，可以使用复选框对象。它是用<input>标签创建的，如下所示。

```
<input type="checkbox" value=" 音乐 "> 音乐
<input type="checkbox" value=" 电影 "> 电影
<input type="checkbox" value=" 舞蹈 "> 舞蹈
```

表7-4列出了复选框的属性和方法。

表7-4 复选框的属性和方法

分　类	属性和方法	说　明
事件	onBlur	复选框失去焦点
	onFocus	复选框获得焦点
	onClick	单击复选框
属性	checked	复选框是否被选中，选中为true，未选中为false。可以使用此属性查看复选框的状态或设置复选框是否被选中
	value	设置或获取复选框的值

【示例7-7】 演示复选框对象的使用。

复选框的checked属性常用于检查是否被选中。checked属性的典型应用如图7-11和图7-12所示。

图7-11 旅游调查的复选框表单

这是一个网上调查的表单，用户通过复选框选择自己想旅游的地方，单击“提交”按钮后，弹出确认对话框，如图7-12所示，单击“确定”按钮，窗口中将显示所选的地方，如图7-13所示。

图7-12　提交后的效果

具体实现步骤如下：

（1）用Dreamweaver设计页面，设置每个表单元素的名称，如图7-14所示。

为了提取每个复选框代表的选项值，在设计页面时要设置每个复选框的值为该复选框对应的图片，如图7-14所示。“提交”按钮设置为普通按钮，当单击此按钮时，将以此判断每个复选框是否选中。然后添加脚本代码。

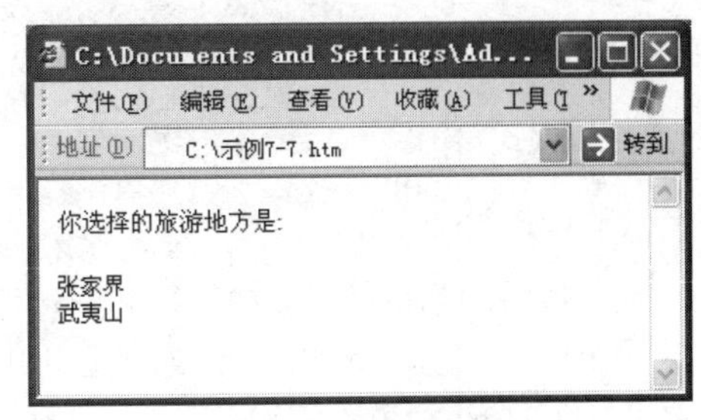

图7-13　购买商品的复选框

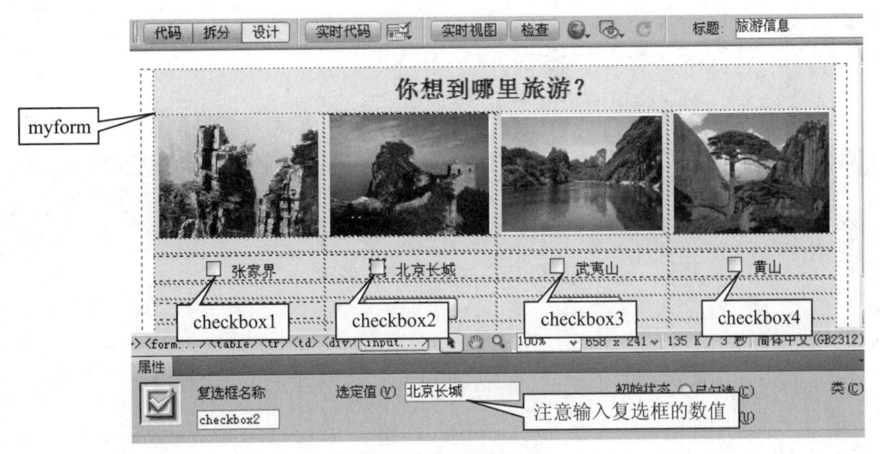

图7-14　页面设计

核心HTML代码如下：

```
<form action="" method="post" name="myform">
    <input name="checkbox1" type="checkbox" id="checkbox1" value=" 张家界 ">
张家界
    <input name="checkbox2" type="checkbox" id="checkbox2" value=" 北京长城 ">
北京长城
```

```
        <input name="checkbox3" type="checkbox" id="checkbox3" value="武夷山">
武夷山
        <input name="checkbox4" type="checkbox" id="checkbox4" value="黄山">
黄山
    <input type="reset" name="Submit" value="  重  选  ">
    <input name="checkButton" type="button" id="checkButton" value=" 提  交 "
 onClick="check( )">
    </form >
```

（2）添加脚本代码及相关函数。

添加的页面JavaScript代码如下：

```
    function check( ){
     var s="";
     if(document.myform.checkbox1.checked==true)
        s=s+document.myform.checkbox1.value+"\n";
     if(document.myform.checkbox2.checked==true)
        s=s+document.myform.checkbox2.value+"\n";
     if(document.myform.checkbox3.checked==true)
        s=s+document.myform.checkbox3.value+"\n";
     if(document.myform.checkbox4.checked==true)
        s=s+document.myform.checkbox4.value+"\n";
     if(confirm("你想到以下地方旅游，确定吗？ \n"+s)==true)
        document.write("你选择的旅游地方是：<pre>"+s+"</pre>");
    }
```

此代码的输出结构如图7-12和图7-13所示。

上述方法是可行的，4个复选框使用了4个非常相似的if条件语句判断。但是，如果选项有很多，比如10种选项呢？岂不是要使用10个if条件语句，所以应该改进。既然它们的if语句都非常类似，就可以考虑采用数组。和C语言一样，数组必须是存放相同数据类型的数据，它们都使用同一个变量名，如m。根据下标来标识每个数据，第一个数据表示为m[0]，第二个数据m[1]，依此类推。同理，部分HTML元素中也支持数组的用法。

改进上述例子，把上述4个复选框的名称都改为mybox，如图7-15所示。

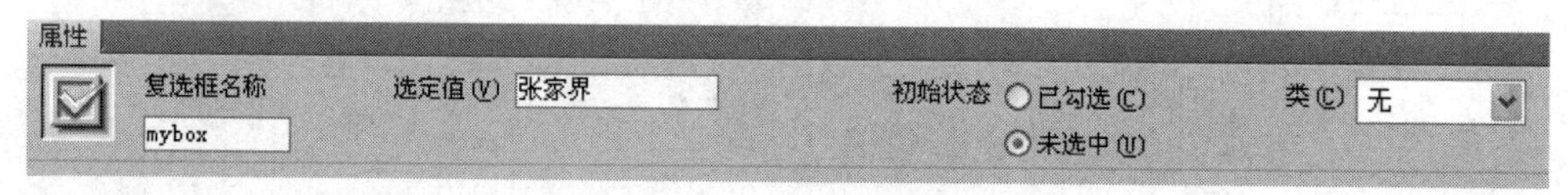

图7-15　修改复选框名称

此时HTML代码为：

```
  <input name="mybox" type="checkbox" id="mybox" value="张家界">
```

这样使得这4个复选框构成一个数组mybox，第一个复选框就是mybox[0]，第二个就是mybox[1]，依此类推。数组常常和for循环配合使用，此例只需要循环检查每个复选框是否选中就可以了，改进后的代码片段如下所示，这样，如果选项增加，也不用编写多行重复代码了。

优化后的JavaScript代码如下：

```
  function check()
  {
   var s="";
   for (var i=0;i<document.myform.mybox.length;i++)
   {
```

```
    //判断第 i 个复选框是否被选中
    if(document.myform.mybox[i].checked==true)
       s=s+document.myform.mybox[i].value+"\n";
    }
    if(confirm("你想到以下地方旅游，确定吗？ \n"+s)==true)
       document.write("你选择的旅游地方是：<pre>"+s+"</pre>");
}
```

7.2.4 单选按钮对象相关事件

在为网站设计登记表单时，设计人员可能会需要用户在某些框内只选择一个选项。为此，可以使用表单元素的单选按钮对象。例如，“性别”有“男”和“女”选项，用户不能选择多余一个选项。当需要用户在选项列表中只选择一个选项时，则使用单选按钮对象，例如：

```
<input type="radio" name="sex" value="男">男
<input type="radio" name="sex" value="女">女
```

表7-5列出了单选按钮的属性和方法。

表7-5 单选按钮的属性和方法

分 类	属性和方法	说 明
事件	onBlur	单选按钮失去焦点
	onFocus	单选按钮获得焦点
	onClick	单击单选按钮
属性	checked	单选按钮是否被选中，选中为 true，未选中为 false。可以使用此属性查看单选按钮的状态或设置单选按钮是否被选中
	value	设置或获取单选按钮的值

【示例7-8】演示单选按钮对象的事件应用。

单选按钮的功能是从多个选项中只能选一个，即多选一。下面完善示例7-8。添加单选按钮，允许用户选择是游客还是旅行社，实现的效果如图7-16和图7-17所示。

图7-16 添加单选按钮

图7-17 触发单选按钮事件

由于单选按钮是多选一，要求多个选项组成同一个组，所以每个选项的名字必须相同（本例取名为myradio，否则会认为是两个不同的选项组。既然各个选项的名字必须相同，它们自然就组成一个数组（myradio），第一个选项“游客”即是myradio[0]，第二个选项“旅行社”即是myradio[1]。

单选按钮的HTML代码如下：

```
<input name="myradio" type="radio" value=" 游客 " checked> 游客
< input type="radio" name="myradio" value=" 旅行社 "> 旅行社
```

改进后的代码如下：

```
function check( ){
var s="";
for(var i=0;i<document.myform.mybox.length;i++)
 {
    // 判断第 i 个单选按钮是否被选中
    if(document.myform.mybox[i].checked==true)
       s=s+document.myform.mybox[i].value+"\n";
 }
 // 判断游客选项是否选中
 if(document.myform.myradio[0].checked==true)
 {
   if(confirm(" 您准备到以下地方旅游，确定吗？：\n"+s)==true)
      document.write(" 您选择了以下的旅游景点 :<pre>"+s+"</pre>");
 }
 else
 {
   if(confirm(" 您准备提供以下地方旅游，确定吗？：\n"+s)==true)
      document.write(" 您提供了以下旅游景点 :<pre>"+s+"</pre>");
 }
}
```

7.2.5 下拉列表框相关事件

下拉列表也称下拉菜单、组合框。许多时候，在网站中提供一列选项的最好方式是使用下拉列表框。例如，在注册电子邮件地址时，出生日期等框通常是用三个下拉列表框表示的：一个显示年列表，一个显示月列表，一个显示日列表。这将创造一个用户友好的环境，用户单击鼠标就可以选定其中的数据，从而节省时间和精力。

下拉列表框由一个列表和一个选择框组成。其中，列表显示选项，选择框显示当前所选的项。

表7-6列出了下拉列表框的事件和属性。

表7-6 下拉列表框的事件和属性

分　类	事件和属性	说　明
事件	onBlur	下拉列表框失去焦点
	onChange	当选项发生改变时产生
	onFocus	下拉列表框获得焦点
属性	value	下拉列表框中被选选项的值
	options	所有的选项组成一个数组，options 表示整个选项数组，第一个选项即为 options[0]，第二个选项即为 options[1]，依此类推
	selectedIndex	返回被选择的选项索引号，如果选中第一个返回 0，第二个返回 1，依此类推
	value	下拉列表框中被选中选项的值

学习下拉列表框的事件和属性后，可以了解网页注册中的一些小细节。如图7-18所示，用户注册时将填写姓名、省份、城市三项，通过下拉列表框可以选择省份。显然大家选择的是直辖市（如天津市），城市就自动填写“天津市”了，本例就是解决了这个小细节。当选择的是直辖市时，将自动填写城市，方便用户填写，单击“快速注册”按钮，结果页面如图7-19所示。

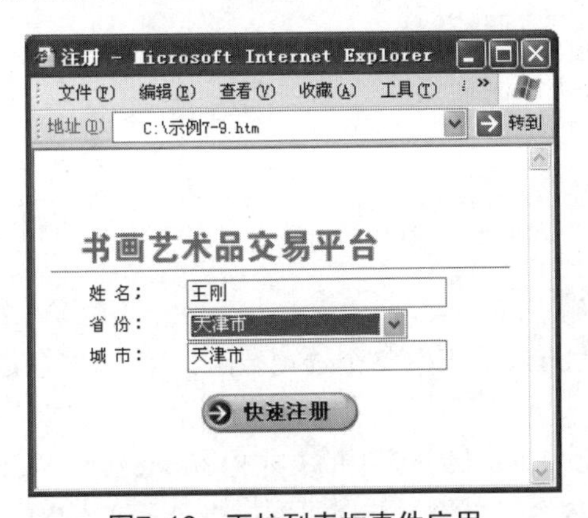

图7-18 下拉列表框事件应用

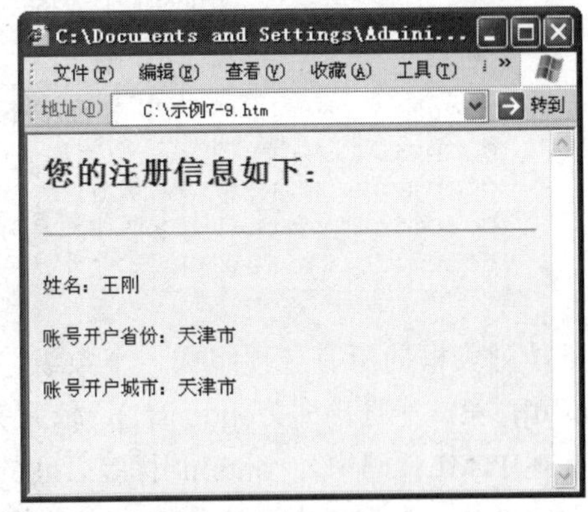

图7-19 结果结果

实现思路：

可以根据下拉列表框的onChange（选项改变）事件，判断是否选择了直辖市，如果是直辖市，则设置城市文本框的值为对应的直辖市。

首先设计页面，设置各个表单元素的名称如下：

姓名文本框的名称：userName；

下拉菜单的名称：myselect；

表单<form>的名称：myform。

（1）用Dreamweaver设计页面，设置每个表单元素的名称。

编写的HTML核心代码如下：

```
<form name="myform" id="myform">
姓 名：<input name="userName" type="text" id="userName" size="25">
省 份：
    <select name="myselect" id="myselect" onChange="myfun1( )">
        <option>-- 请选择所在的省份 --</option>
        <option value=" 北京市 "> 北京市 </option>
        <option value=" 上海市 "> 上海市 </option>
        <option value=" 重庆市 "> 重庆市 </option>
        <option value=" 天津市 "> 天津市 </option>
        <option value=" 江苏省 "> 江苏省 </option>
        <option value=" 山西省 "> 山西省 </option>
        <option value=" 湖南省 "> 湖南省 </option>
    </select>
城 市：
 <input name="city" type="text" id="city" size="25"><
<img src="regquick.jpg" onClick="myfun2()">
</form>
```

（2）添加脚本代码及相关函数。

```
function myfun1()  {
    var d=document.myform.myselect.selectedIndex;
     if(d==1 || d==2 || d==3 || d==4)
        document.myform.city.value=document.myform.myselect.options[d].text ;
}
function myfun2()  {
   var userName=document.myform.userName.value;
    var province=document.myform.myselect.value ;
    var city=document.myform.city.value ;
    document.write("<body bgColor=#FFFAEB>");
    document.write("<H2> 您的注册信息如下：</H2>");
    document.write("<HR>");
    document.write("<P> 姓名： "+userName);
    document.write("<P> 账号开户省份： "+province);
    document.write("<P> 账号开户城市： "+city);
}
```

下拉列表框的所有选项组成一个数组，属性options表示整个选项数组，第一个选项即为options[0]，第二个选项即为options[1]，依此类推。

上述HTML代码中，<option>标签之间的“北京市”代表选项的文本内容（text），value属性后面的“北京市”代表该选项的值。值和文本内容可以不一样。页面上将显示文本内容，所有文本内容主要是给浏览者看的；提交给服务器后，服务器端一般关注的是value值。

如果希望获取选项的索引号，则用selectIndex属性即可。同普通数组一样，第一个选项为0，第二个选项为1，依此类推。

如果希望获取选项的文本内容，则取得数组options中的值，即options[selectIndex].text，因为selectIndex属性就代表被选择的数组下标。

如果希望获取过去选择的值，即value，则用value属性即可，本例在提交时就是通过value属性获得用户的省份选项值的。

7.3　实例：用户注册

7.3.1　学习目标

（1）熟练掌握JavaScript的表单验证思路。

（2）熟练掌握表单元素的事件处理机制。

7.3.2　实例介绍

假设书画艺术品交易平台一天有约50名用户注册使用它的服务。当检查数据库录入项时，发现用户提供的大部分信息都是错误的，例如，电子邮件地址是abcd#xyz.com，电话号码是adk12*#&，出生日期显示申请人已超过500岁。

在看到这些无效数据之后，该网站的设计人员或程序员可能会思考哪里出错了。问题出在从用户提交注册表单到数据到达数据库之间，表单验证这个重要的中间步骤被忽略了。

JavaScript最常见的用法之一就是验证表单，如图7-20所示。

图7-20　表单验证界面

下面进行表单验证，如果发生下列情况，则显示告警信息。

（1）“会员名”文本框为空白。

（2）性别未选定。

（3）输入的密码少于6个字符。

（4）指定的电子邮件地址中没有“@”字符。

（5）年龄不在1～99的范围内，或留为空白。

7.3.3　实施过程

根据实例界面与要求，实施过程可以分为以下两步。

（1）用Dreamweaver设计页面，设置每个表单元素的名称，如图7-21所示。

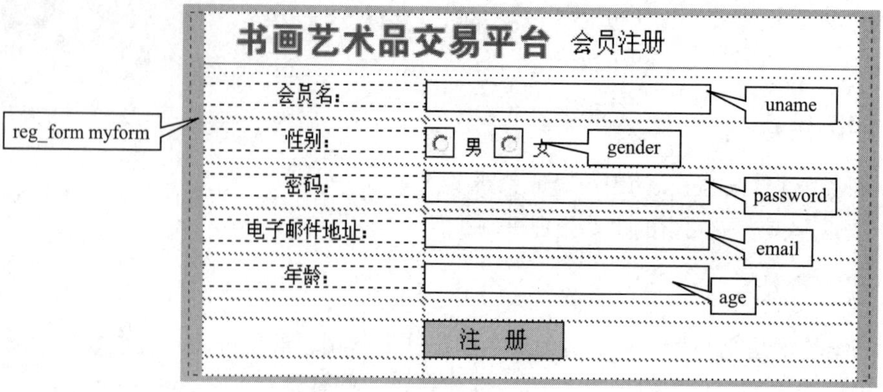

图7-21 表单验证界面设计

HTML的核心代码如下：

```
<form name="reg_form" onSubmit="return validate()" action="submit.htm">
会员名： <input type="text" name="uname" >
性别： <input type="radio" name="gender" value=" 男 "> 男
      < input type="radio" name="gender" value=" 女 "> 女
密码： <input type="password" name="password" id="password">
电子邮件地址：<input type="text" name="email" id="email">
年龄：<input type="text" name="age">
  <input type="submit" name ="Submit" value=" 注  册 ">
 </form>
```

（2）编写表单验证函数validate()。

表单验证函数的代码如下：

```
function validate(){
   //会员名验证
   f=document.reg_form;
   if(f.uname.value==""){
       alert(" 请输入姓名 ");
       f.uname.focus();
       return false;
   }
   //性别验证
   if(f.gender[0].checked==false && f.gender[1].checked==false){
      alert(" 请指定性别 ");
      f.gender[0].focus();
      return false;
   }
   //密码验证
   if((f.password.value.length<6) || (f.password.value=="")){
      alert(" 请输入至少 6 个字符的密码！ ");
      f.password.focus();
      return false;
   }
   //邮箱验证
   q=f.email.value.indexOf("@");
   if(q==-1){
```

```
        alert("请输入有效的电子邮件地址");
        f.email.focus();
        return false;
    }
    //年龄验证
    if(f.age.value<1 || f.age.value> 99 || isNaN(f.age.value)){
        alert("请输入有效的年龄！");
        f.age.focus();
        return false;
    }
}
</script>
```

7.3.4 实例拓展

经过大量的总结与提炼，大家可以对验证的相关函数进行优化整理单独编写验证函数，构建函数库。代码如下：

```
/*数据长度验证*/
function length_valid(element, minlength, maxlength) {
    if(minlength==null) minlength=0;
    if(maxlength==null) maxlength=10;
    validtext="";
    if(element.value.length>maxlength || element.value.length<minlength) {
        element.focus();
        return false;
    }
    return true;
}
/*必填验证*/
function isFilled(element) {
    element.value=element.value.replace(element.placeholder, "");
    var s=element.value.replace(/(^\s*)(\s*$)/g, "");
    return (s.length > 0);
}
/*邮箱验证*/
function isEmail(element) {
    return (element.value.indexOf("@") != -1 && element.value.indexOf(".") != -1);
}
```

对于函数的使用，大家可以参考实训拓展的示例。

习　　题

1. 下面选项中（　　）能获得焦点。

A. blur()　　B. onblur ()　　C. focus()　　D. onfocus()

2. 当鼠标指针移到页面上的某个图片上时，图片出现一个边框，并且图片放大，这是因为激发了下面的（　　）事件。

A. onClick　　B. onMousemove

C. onMouseout　　D. onMousedown

3. 下列选项中（　　）可以用来检索下拉列表框中被选项目的索引号。

A. selectedIndex　　B. options

C. length　　D. add

4. 下面（　　）可实现刷新当前页面。

A. reload( )　　B. replace( )

C. href( )　　D. referrer

5. 页面上有一个文本框和一个类change，change可以改变文本框的边框样式，那么使用下面的（　　）不可以实现当鼠标指针移到文本框上时文本框的边框样式发生变化。

A. onmouseover="className='change'";

B. onmouseover="this.className='change'";

C. onmouseover="this.style.className='kchange'";

D. onmousemove="this.style.border='solid 1px #ff0000'";

第8章　DOM高级编程

8.1　DOM对象意义

DOM是文档对象模型（Document Object Model）的缩写。DOM对象模型的出现，使得HTML元素成为对象，借助JavaScript脚本就能操作HTML元素。HTML元素允许相互嵌套，页面文档部分是由body为根节点的HTML节点树组成的，DOM的结构就是一个树形结构。在JavaScript程序使用DOM对象中可以动态添加、删除、查询节点，设置节点的属性，通过使用丰富的DOM对象库可以方便地操控HTML元素。

8.2　DOM对象节点类型

一个文档是有任意多个节点的分层组成的。下面是一个合法DOM文档，提供了一个无序列表，文档中包含了最常用的节点类型，它们是元素节点、属性节点和文本节点。

```
<body>
<ul id="layer1">
     <li><a href="javascript:alert('信息工程学院')">信息工程学院</a></li>
     <li><a href="javascript:alert('纳米学院')">纳米学院</a></li>
     <li><a href="javascript:alert('人工智能学院')"
```

8.2.1　元素节点

元素（Element）节点是构建DOM树形结构的基础，可以作为非终端节点，可以有自己的属性节点、下级元素节点和下级文本节点，下级元素节点实现了DOM树纵向扩展，同级元素节点实现了DOM树横向扩展。元素节点在没有如何子节点的情况下就是终端节点。元素节点的节点类型号为1。

8.2.2　属性节点

属性（Attitude）节点是一个键值对，键是属性名，值是属性值。属性节点不能成为独立节点，它必须从属于元素节点，用来描述元素节点的属性，充实元素节点的内容，因此，可以说属性节点不是节点，在DOM的操作中使用的方法也与其他节点不同。属性节点的节点类型号为2。

8.2.3 文本节点

文本（Text）节点表示一段文本，只能作为独立的终端节点，没有子节点和属性节点。文本节点的节点类型号为3。

通过以下代码认识DOM对象的树结构。

```
<body>
    <ul id="nav">
        <li><a href="javascript:alert('建设目标');">建设目标</a></li>
        <li><a href="javascript:alert('建设思路');">建设思路</a></li>
        <li><a href="javascript:alert('培养方案');">培养方案</a></li>
    </ul>
</body>
```

上段DOM文档对应的树结构图如图8-1所示。

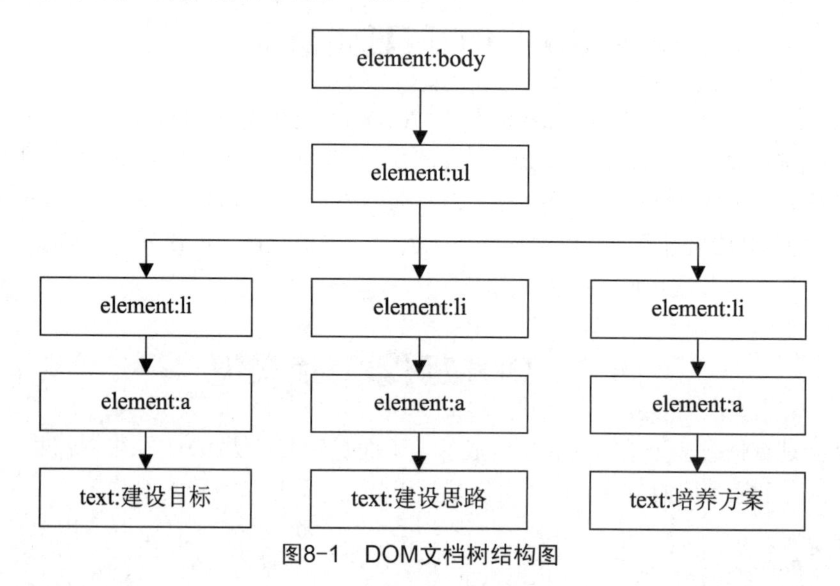

图8-1　DOM文档树结构图

8.2.4 注释节点

注释节点是用来说明使用的XHTML或者HTML是什么版本，或用来添加注释文本的。

<!DOCTYPE html PUBLIC "-//W3C//DTD XHTML 1.0 Transitional//EN" "http://www.w3.org/TR/xhtml1/DTD/xhtml1-transitional.dtd">这些代码称为DOCTYPE声明。DOCTYPE是document type（文档类型）的简写，用来说明使用的XHTML或者HTML是什么版本。要建立符合标准的网页，DOCTYPE声明是必不可少的关键组成部分。除非XHTML确定了一个正确的DOCTYPE，否则标识和CSS都不会生效。

<!--　注释文本　-->表示一段注释。

以上两个例子有个共同的特点就是都带有感叹号“!”。注释节点的节点类型号为8。

8.2.5 文档节点

文档节点是HTML文档的父节点，也是整个DOM文档唯一的根节点，它是浏览器的内置对象document。最常用的节点类型如表8-1所示。

表8-1 最常用的节点类型

节点类型号	节 点 含 义	节 点 用 途
1	元素节点	可以作为非终端节点，可以有自己的属性节点
2	属性节点	不能成为独立节点，必须以元素节点为父节点
3	文本节点	可以成为独立的终端节点，没有子节点，没有属性节点
8	注释节点	用来说明所用的XHTML或者HTML是什么版本
9	文档节点	是HTML文档的父节点，也是整个DOM文档的根节点

【示例8-1】 页面中不同类型的DOM节点，页面构成代码如下：

```
<!DOCTYPE html PUBLIC "-//W3C//DTD XHTML 1.0 Transitional//EN" "http://
www.w3.org/TR/xhtml1/DTD/xhtml1-transitional.dtd">
<html xmlns="http://www.w3.org/1999/xhtml">
<head>
    <title>不同类型的DOM节点</title>
    <style>
        ul a{
            background-color:#ddd;
            text-align:center; }
    </style>
</head>
<body>
    <ul id="nav">
        <li><a href="javascript:alert('建设目标');" style="color: Red">
建设目标</a></li>
        <li><a href="javascript:alert('建设思路');">建设思路</a></li>
        <li><a href="javascript:alert('培养方案');">培养方案</a></li>
    </ul>
    <span>内容文本</span><!-- 注释 -->
    <div>标题文本</div>
</body>
</html>
```

说明：

页面中元素节点的名称为html、head、title、style、body、ul、li、a、span、div。如果有script脚本，不管script放在何处，均属于body的元素子节点。本页面中body的直接子节点有ul、span、#comment、#text、div和script。

顶层document节点有#comment和HTML。head节点的子节点有title、style。

8.3 DOM对象节点及其属性的访问

DOM对象的访问是操作DOM节点的先决条件。使用前面介绍的getElementById、getElementsByName、getElementsByTagyName可以定位DOM节点绝对位置，后面得到的是DOM节点的集合，访问其中某个节点必须借助于下标。

DOM还为访问DOM节点的相对位置提供了丰富的方法。这些方法有：

8.3.1 访问父节点

parentNode( )方法与parentElement( )方法返回唯一的父节点，父节点不存在时返回null。这两个方法完全等价，因为只有Element节点才能作为父节点。node.parentElement( ) 返回node节点的父节点。DOM顶层节点是document内置对象，document.parentNode( )返回null。

8.3.2 访问子节点

childNodes属性返回包含文本节点及标签节点的子节点集合，文本节点和属性节点的childNodes永远是null。利用childNodes.length可以获得子节点的数目，通过循环与索引查找节点。

firstChild属性返回第一个子节点。firstChild与childNodes[0] 等价。

lastChild属性返回最后一个子节点。lastChild与childNodes[childNodes.length-1] 等价。

【示例8-2】输出超链接中的文本节点的值（文本），代码如下：

```
var anchs;
var doc;
doc=document;
anchs=doc.getElementById("nav").getElementsByTagName("a");
alert(anchs.length);
for(var i=0; i<anchs.length; i++) {
    var anchs_childNodes=anchs[i].childNodes;
    var count=anchs_childNodes.length;
    for(var j=0; j<count; j++) {
        var node=anchs_childNodes[j];
        if(node.nodeType=="3"){
           alert(node.nodeValue);
        }
    }
}
```

注意：

使用doc.getElementById("nav").getElementsByTagName("a"):而不是doc.getElementsByTagName("a")，意义在于缩小查找标签a的范围。这是一个在任意节点上查找子节点的例子。

本例中使用childNodes.length判断有无子节点。也可以使用hasChildNodes()方法的返回值判断。

8.3.3 访问兄弟节点

nextSibling属性返回同级的下一个节点，最后一个节点的nextSibling属性为null；previousSibling属性返回同级的上一个节点，第一个节点的previousSibling属性为null。

【示例8-3】页面节点的访问。

通过本示例可以了解页面节点的DOM结构，示例以表格的形式显示DOM结构中各节点的类型号、名称和值。页面HTML代码及其访问节点的JavaScript代码如下：

```
<!DOCTYPE html PUBLIC "-//W3C//DTD XHTML 1.0 Transitional//EN" "http://www.w3.org/TR/xhtml1/DTD/xhtml1-transitional.dtd">
```

```
<html xmlns="http://www.w3.org/1999/xhtml">
<head>
    <title>页面节点的访问</title>
    <style>
        td.line4{
            background-color:#ddd;
            text-align:center;
        }
    </style></head>
<body>
    <ul id="nav">
        <li><a href="javascript:alert('建设目标');" style="color: Red">
建设目标</a></li>
        <li><a href="javascript:alert('建设思路');">建设思路</a></li>
        <li><a href="javascript:alert('培养方案');">培养方案</a></li>
    </ul>
    <span>内容文本</span><!-- 注释 -->
    <div>标题文本</div>
    文本节点
    <script language="JavaScript">
        var doc=document;
        var s="";
        s="<table border='1' width='400px'>";
        s+="<tr><td>下标</td><td>nodeType</td><td>nodeName</td><td>nodeValue
</td></tr>";
        s+="<tr><td colspan='4' class='line4'>Document的子对象</td></tr>";
        for(var i=0; i<doc.childNodes.length; i++) {
            s+=node_Info(doc.childNodes, i);
        }
        s+="<tr><td colspan='4' class='line4' >head的子对象</td></tr>";
        var arr=doc.getElementsByTagName("head")[0].childNodes;
                                                    //访问head
        for(var i=0; i<arr.length; i++) {
            s+=node_Info(arr, i);
        }
        s+="<tr><td colspan='4' class='line4'>body的子对象</td></tr>";
        //var arr=doc.getElementsByTagName("body")[0].childNodes;
                                                    //访问body
        var arr=doc.body.childNodes;                //更简捷
        for(var i=0; i<arr.length; i++) {
            s+=node_Info(arr, i);
        }
        s+="</table>";
        doc.getElementsByTagName("div")[0].innerHTML=s;
        function node_Info(arr, i) {                //定义函数，便于维护
            node=arr[i];
            var s1=
            "<tr>"+
            "<td style='width:40px'>"+(i+1)+"</td>"+
            "<td>"+node.nodeType+"</td>" +
            "<td>"+node.nodeName+"</td>" +
            "<td>"+node.nodeValue+"</td>" +
            "</tr>";
            return s1;
        }
    </script>
</body>
```

```
</html>
```

代码运行，页面浏览效果如图8-2所示。

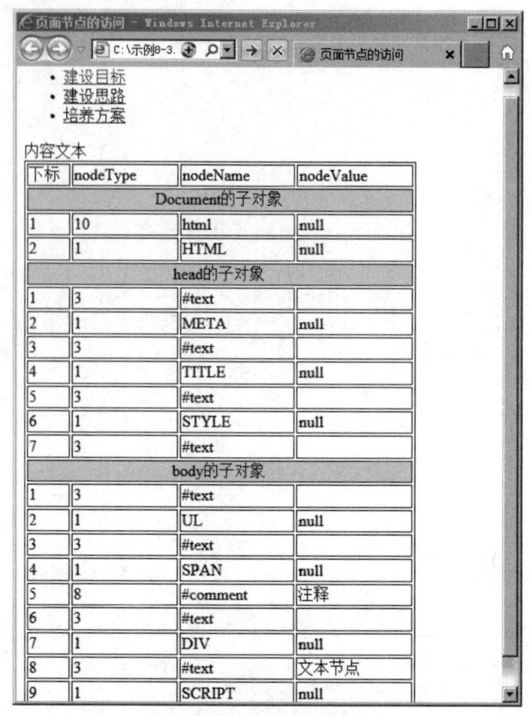

下标	nodeType	nodeName	nodeValue
Document的子对象			
1	10	html	null
2	1	HTML	null
head的子对象			
1	3	#text	
2	1	META	null
3	3	#text	
4	1	TITLE	null
5	3	#text	
6	1	STYLE	null
7	3	#text	
body的子对象			
1	3	#text	
2	1	UL	null
3	3	#text	
4	1	SPAN	null
5	8	#comment	注释
6	3	#text	
7	1	DIV	null
8	3	#text	文本节点
9	1	SCRIPT	null

图8-2　页面节点的访问

说明：

标签名为head 的节点虽然只有一个，但是因为没有id属性也没有name属性，所以只有使用document.getElementsByTagName("head")[0]定位。其中[0]不可少，访问body节点与此相似，但它有更简捷的方法：document.body。

定义函数node_Info为集合中指定下标的元素输出提供统一的处理，减少了代码量，提高了可维护性。大家在此基础上定义函数输出整个集合。

8.4　DOM对象节点的创建与修改

DOM树形结构的建立与调整都可以用JavaScript代码对节点的创建与删除进行修改，以取代前面的字符串方式拼接的HTML文本。用访问DOM节点树中节点对象方式部分替代HTML元素对象，更容易实现用JavaScript编程操作页面中各个DOM对象。

8.4.1　创建节点

可以通过document内置对象（也是DOM顶层对象）的方法创建不同类型DOM节点对象。针对前面介绍的最常用节点类型，介绍其创建节点的方法。

（1）createElement方法。

createElement(element)方法创建新的元素节点，返回对新节点的对象引用。其中element参数为新节点的标签名，例如：

```
var newnode=document.createElement("div");
```

该语句创建了一个标签名为"div"的元素节点。

（2）createTextNode方法。

createTextNode(string)方法创建新的文本节点，返回对新节点的对象引用。其中string参数为新节点的文本，例如：

```
var newnode=document.createTextNode("hello");
```

该语句创建了一个文本为" hello "的文本节点。

（3）createAttribute方法

createAttribute(name) 方法创建新的属性节点，返回对新节点的对象引用。其中name参数为新节点的属性名，例如：

```
var newnode=document.createAttribute("href");
```

该语句创建了一个名为"href"的属性节点，属性节点的值可以通过节点对象的value属性进行设定。例如：

```
newnode.value="www.baidu.com";
```

属性节点的创建还有一种更加简捷的方法：利用JavaScript语言的弱类型，直接用赋值的方法产生。

【示例8-4】属性节点的创建与属性值的读写，代码如下：

```
<body>
<script>
    var div=document.createElement("div");
    div.属性名1="属性值1";
    var s="";
    s+="属性名1:"+div.getAttribute("属性名1")+"<br >";
    div.setAttribute("属性名1", "属性值2")
    s+="属性名1:" + div.getAttribute("属性名1")+"<br >";
    div.innerHTML=s;
    div.style.color="Red";
    //appendChild (newChild)是添加新节点到方法所属节点的尾部
    document.body.appendChild(div);
</script>
</body>
```

运行代码，页面浏览效果如图8-3所示。

说明：

div.属性名1 = "属性值1";语句创建了名为“属性名1”属性节点，并设置其值为“属性值1”；如果属性名是所属对象已有的属性名，则在不用创建属性的情况下去读写该属性的属性值。innerHTML和style就是div已有的属性名。

getAttribute方法、setAttribute方法可以对方法所属对象指定属性名的属性进行读写操作，不过最简捷的方法是用“节点对象.属性名[=新属性值]”读写属性值。

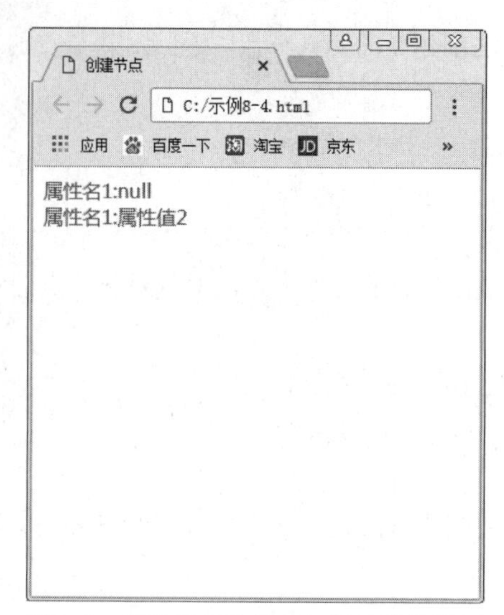

图8-3 属性节点的创建与属性值的读写

以上代码可以作如下改写：

```
var div=document.createElement("div");
div.属性名1="属性值1";
var s="";
s+="属性名1:"+div.属性名1+"<br >";
div.属性名1="属性值2";
s+="属性名1:"+div.属性名1+"<br >";
div.innerHTML=s;
div.style.color="Red";
document.body.appendChild(div);
```

其他类型节点的创建这里就不再介绍了。

8.4.2 添加节点

创建节点仅仅是在内存中产生节点，无法得知该节点放在什么位置及做哪个节点的子节点。添加节点的方法是已有节点对象的方法；新节点是方法的参数，是已有节点对象的子节点。

1. appendChild方法

appendChild (newChild) 方法用于添加新节点到方法所属节点的尾部。其中newChild参数为新加子节点对象。appendChild方法适合于元素节点、文本节点等节点的添加，不适合属性节点的添加。

2. setAttributeNode方法

setAttributeNode(newChild)方法用于添加新属性节点到方法所属节点的属性集合中。例如，上例中使用setAttributeNode方法添加节点的代码如下：

```
var div=document.createElement("div");
var attr=document.createAttribute ("属性名1");
attr.value="属性值1";
div. setAttributeNode(attr);
```

3. insertBefore方法

insertBefore(newElement, targetElement)方法用于将新节点newElement插入相对节点

targetElement的前面。作为方法所属节点的子节点，newElement与targetElement相邻兄弟节点的父节点可以通过targetElement. parentNode得到。在方法前面加节点对象就显得多余了，有必要定义一个全局方法，减少多余的节点对象指定。

DOM中没有insertAfter(newElement, targetElement) 方法实现将新节点newNode 插入相对节点targetNode后面。为了编程的方便，加之前面insertBefore的改进，下面编写两个函数保存在global.js文件中，以供日后调用。其代码如下：

```
function insertBefore(newElement, targetElement) {
    var parent=targetElement.parentNode;
    parent.insertBefore(newElement, targetElement)
}
function insertAfter(newElement, targetElement) {
    var parent=targetElement.parentNode;
    if(parent.lastChild==targetElement) {          //目标节点是最后一个节点
       parent.appendChild(newElement);
    } else {                                       //目标节点不是是最后一个节点
       parent.insertBefore(newElement, targetElement.nextSibling);
    }
}
```

【示例8-5】添加节点，示例代码如下：

```
<html xmlns="http://www.w3.org/1999/xhtml">
<head>
    <title>添加节点</title>
    <script src="global.js" type="text/javascript"></script>
</head>
<body>
<script>
    var div1=document.createElement("div");
    div1.innerHTML="第 1 个添加的 DIV 节点 ";
    document.body.appendChild(div1);
    var div ;
    div=document.createElement("div");
    div.innerHTML="第 2 个添加的 DIV 节点 ";
    insertBefore(div, div1);
    div=document.createElement("div");
    div.innerHTML="第 3 个添加的 DIV 节点 ";
    insertAfter(div, div1);
</script>
</body>
</html>
```

运行代码，页面浏览效果如图8-4所示。

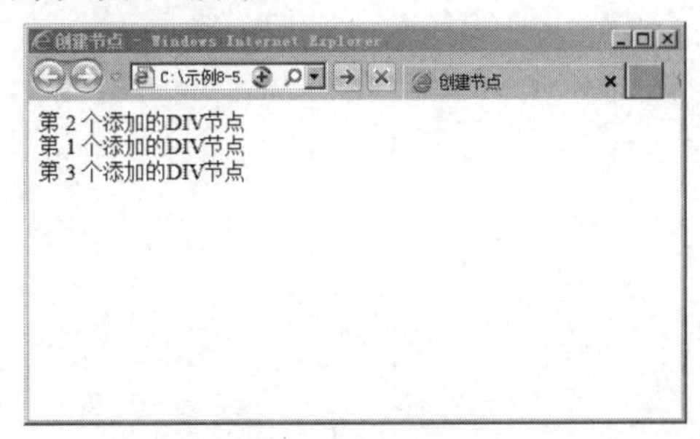

图8-4　添加节点

8.4.3 删除节点

removeChild(node)方法是删除节点node。该方法的所属节点对象是node的父节点。与insertBefore方法一样，所属节点对象也是多余的，定义一个全局方法removeNode（加入到global.js）以实现直接删除指定节点。

removeNode全局方法定义如下：

```
function removeNode(node) {
    var parent=node.parentNode;
    parent.removeChild(node);
}
```

删除节点的调用：

```
removeNode(div1);
```

8.4.4 替换节点

replaceChild(newChild,oldChild)方法是新节点newChild替换原节点oldChild。该方法的所属节点对象是node的父节点。与insertBefore方法一样，所属节点对象也是多余的，定义一个全局方法replaceNode（加入到global.js）以实现直接节点替换。注意：例如现有newChild与oldChild两个节点，则实现替换的全局方法replaceNode定义如下：

```
function replaceNode(newChild, oldChild) {
    var parent=oldChild.parentNode;
    parent.replaceChild(newChild, oldChild);
}
```

替换节点的调用：

```
replaceNode (div,div1);
```

8.4.5 复制节点

cloneNode(bool)方法赋值一个节点，返回复制后的节点引用。bool参数为布尔值，true/false表示是/否克隆该节点所有子节点。

例如：

```
div=div1.cloneNode(true);            //深度复制 div1 节点
insertAfter(div, div1);              //将复制后的节点加到 div1 之后
```

【示例8-5拓展】请大家写出以下代码的显示结果。

```
<html xmlns="http://www.w3.org/1999/xhtml">
<head>
    <title>节点的增删改复</title>
    <script src="global.js" type="text/javascript"></script>
</head>
<body>
    <div>1</div>
    <div>2</div>
    <div>3</div>
    <div>4</div>
```

```
    <script>
        var divs ;
        divs=document.body.getElementsByTagName("div");
        removeNode(divs[1]);
        divs=document.body.getElementsByTagName("div");
        var div=divs[divs.length-1].cloneNode(true);
        insertBefore(div, divs[1]);
        divs=document.body.getElementsByTagName("div");
        div=document.createElement("div");
        div.innerHTML="5";
        replaceNode(div, divs[0]);
    </script>
</body>
</html>
```

8.5　DOM节点对象的事件处理

前面大家已经知道了HTML元素有哪些事件以及如何为HTML元素指派事件。对DOM节点对象的事件处理只能用代码实现。

【示例8-6】 DOM节点对象的鼠标事件。

动态创建与添加p节点，并设置这些节点在鼠标移入时前景色变为红色背景色变为黑色，鼠标移出时恢复原状。为此，先定义一个样式类over，在鼠标移入时使用样式类red，鼠标移出时去除样式类red。

页面及其代码如下：

```
<head>
    <title>DOM 对象节点的事件处理 </title>
        <style>
         .over { color:white;background-color:Black; }
         p{padding:5px;
           margin:1px;
           background-color:#FF9;
           border:1px solid #093;}
    </style>
</head>
<body>
<script>
    for(var i=0; i<5; i++) {
        var p=document.createElement("p");
        p.oldClassName=p.className;
        p.onmouseover=function () {
            this.className="over";
        }
        p.onmouseout=function () {
            this.className=this.oldClassName;
        }
        var text=document.createTextNode(" 行内元素 "+i);
        p.appendChild(text);
```

```
        document.body.appendChild(p);
    }
</script>
</body>
```

运行代码，页面浏览效果如图8-5所示。

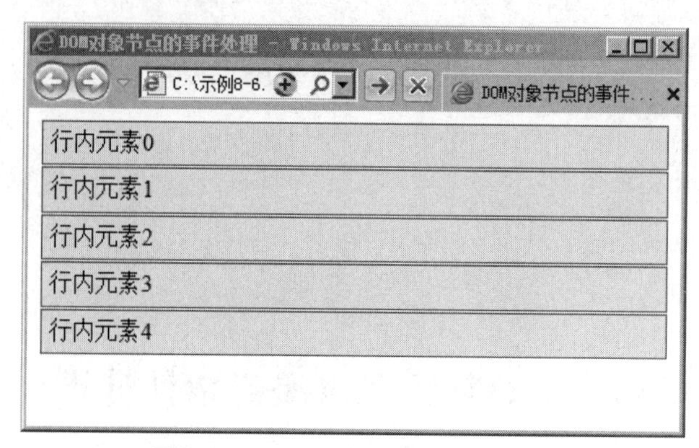

图8-5　DOM对象节点的事件处理

说明：

利用JavaScript的弱类型的特点，通过p.oldClassName = p.className;语句将span原来的样式设置保存在新的成员变量p.oldClassName中，这个成员变量属于某个p对象。对象成员变量的作用域局限在所属对象内，所属对象存在则对象成员变量存在，访问到所属对象就能访问到对象的成员变量。

本例中由于每个新创建的p对象从未设置过className属性，因此该属性值为空串。这样就不需要用成员变量oldClassName保存每个p对象的原来样式。以上脚本可以作如下简化：

```
for(var i=0;i<5;i++) {
    var p=document.createElement("p");
    p.onmouseover=function () {
        this.className="over";
    }
    p.onmouseout=function () {
        this.className="";            //原来的样式名为空串
    }
    var text=document.createTextNode("行内元素"+i);
    p.appendChild(text);
    document.body.appendChild(p);
}
```

以上代码虽然代码量只少一行，却节省了大量成员变量所占空间。

如果不是替换样式替换，而是样式的添加与移除，则应在不破坏原有样式的基础上实现样式的变化。示例8-7实现了这个要求。

【示例8-7】样式的添加与移除。要求在移入或移出的情况下都要保留一个边框，移入时字体加粗。代码如下：

```
<html xmlns="http://www.w3.org/1999/xhtml">
```

```
<head>
    <title>样式的添加与移除</title>
    <style>
        .over { color:white;background-color:Black;font-weight:bold; }
        .border { border:1px solid #093; }
        p{padding:5px;margin:5px;}
    </style>
</head>
<body>
<script>
    for (var i=0;i<5;i++) {
        var p=document.createElement("p");
        p.className="border ";
        p.onmouseover=function () {
            this.className="border over ";
        }
        p.onmouseout=function () {
            this.className="border ";
        }
        var text=document.createTextNode("行内元素"+i);
        p.appendChild(text);
        document.body.appendChild(p);
    }
</script>
</body>
</html>
```

运行代码，页面浏览效果如图8-6所示。

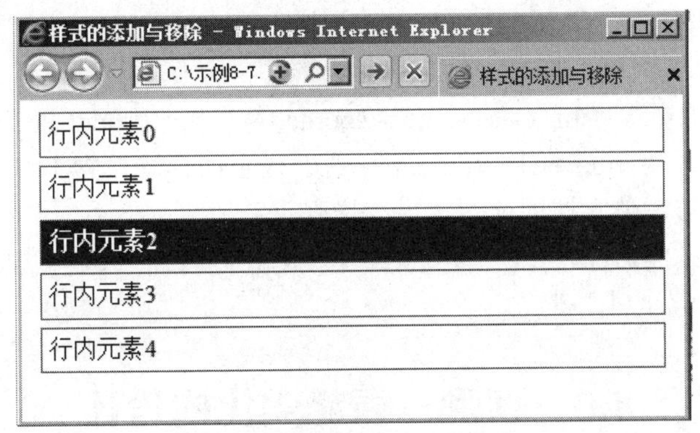

图8-6 样式的添加与移除

> **说明：**
>
> 本示例在移入或移出时，p对象的className属性值在"border over "与"border"之间切换。

本示例事先知道p对象移入前的原来className值为"border "，如果在不知情的情况下，就不能用上面的方法了。考虑到添加和移除属性的通用性，将这两个操作定义为全局方法，添加到前面提到的global.js文件中。下面是这两个全局方法的代码：

```
//添加样式
function addClass(element, value) {
    if(!element.className) {
        element.className=value+" ";
    } else {
        var newClassName=element.className;
        newClassName+=" ";
        newClassName+=value;
        element.className=newClassName;
    }
}
//移除样式
function removeClass(element, value) {
    if(!element.className) {
        return;
    } else {
        var newClassName=element.className;
        if(newClassName.indexOf(value+" ")==0) {
            newClassName=newClassName.replace(value+" ", "");
        }else if(newClassName.indexOf(value)==0){
            newClassName=newClassName.replace(value, "");
        }
        else{
            newClassName=newClassName.replace(" "+value, "");
        }
        element.className=newClassName;
    }
}
```

调用以上代码添加样式将this.className = "border over ";改为addClass(this, "over");，将this.className = "border ";改为removeClass(this, "over");。以上的样式设置不涉及原来的样式，只与添加或移出的样式有关，使方法的通用性大大增强了。

addClass和removeClass方法将多个样式类用空格隔开，最后一个样式类没有空格，这给方法的编写带来了一定的复杂度。

8.6 实例：表格美化的设计

8.6.1 学习目标

（1）掌握CSS样式表的创建。

（2）掌握DOM元素的样式设置。

8.6.2 实例介绍

本实例对由table对象及其下属对象进行样式设置，使表头行与表体行有区别，表体行的奇数行、偶数行和鼠标移入行的背景色有区别。任务实现的结果如图8-7所示。

本实例的重点是对DOM元素的样式设置，设置方式包括使用样式表设置和JavaScript代码指派鼠标移入和鼠标移出事件处理函数，实现对表格数据行样式的修改。

本实例中对样式的设置采用了多个样式文件，每个样式文件负责某个方面样式，再用“@import url(样式文件);”将多个样式文件导入一个样式文件中。

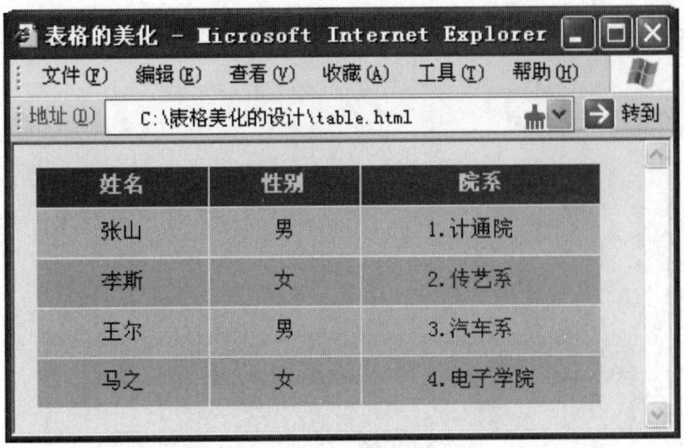

图8-7 表格美化的运行界面

8.6.3 实施过程

表格美化的设计包括表格数据结构的建立、样式表文件的建立和JavaScript事件处理文件的建立。

本实例设计步骤如下：

（1）HTML设计提供页面元素；

（2）CSS设计布局与美化页面元素；

（3）JavaScript设计处理页面元素的事件。

前面的两步也可以用JavaScript完成，如从服务端接收的数据用JavaScript脚本构造DOM对象子树、设置DOM对象的style及其下属属性，最后添加到DOM容器父对象中。

1. 表格数据结构的建立

HTML页面结构代码如下：

```
    <html>
    <head>
    <title >表格的美化</title>
    </head>
    <body>
        <table cellspacing="1px">
          <thead>
    <tr > <th>姓名</th> <th>性别</th> <th>院系</th> </tr>
     </thead>
          <tbody>
          <tr>
            <td>张山</td>  <td>男</td>  <td>1.<a title="计算机与通信工程学院">
计通院</a></td>
          </tr>
          <tr>
            <td>李斯</td>  <td>女</td>  <td>2.<a title="传媒与艺术系">传艺系</a>
</td>
          </tr>
```

```
        <tr>
          <td> 王尔 </td>  <td> 男 </td>  <td>3.<a title=" 汽车工程系 "> 汽车系 </a>
          </td>
        </tr>
        <tr>
          <td> 马之 </td>  <td> 女 </td>  <td>4.<a title=" 电子工程学院 "> 电子学院 </a>
          </td>
        </tr>
        </tbody>
      </table>
</body>
</html>
```

运行代码，页面浏览效果如图8-8 所示。

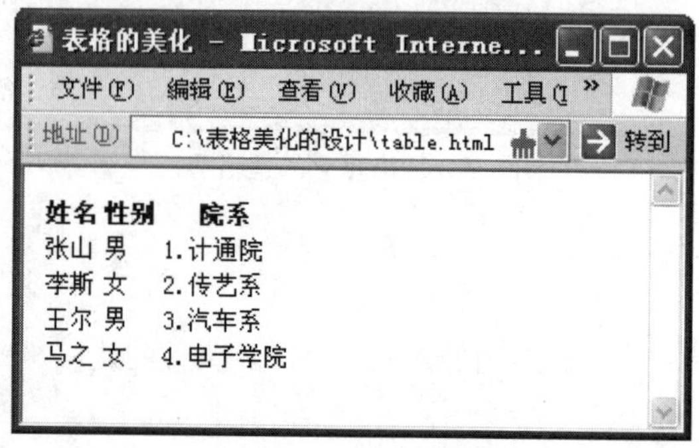

图8-8　美化前的表格

2. 样式文件的建立

为了提高样式表的可维护性，对样式的设置采用多个样式文件，每个样式文件负责某个方面样式，如颜色类（color.css）、布局类（layout.css）和排版类（typography.css）等，再用“@import url(样式文件);”将多个样式文件导入一个样式文件basic.css中。

basic.css文件的内容如下：

```
@import url(color.css);
@import url(layout.css);
@import url(typography.css);
```

颜色类样式文件color.css代码如下：

```
body { color: #fb5; background-color:#EFE;}
th {                                            /* 表头样式 */
  color: #edc;
  background-color: #455;}
tr td { color: #223;
  background-color: #eb6;}
tr.odd td {                                     /* 奇数行样式 */
  color: #223;
  background-color: #ec8;}
tr.highlight td {                               /* 移入行样式 */
  color: #223;
  background-color: #cba;}
```

布局类样式文件layout.css代码如下：

```
* {padding: 0; margin: 0;}
body {margin: 1em;
  background-image: url(../images/background.gif);
  background-attachment: fixed;
  background-position: top left;
  background-repeat: repeat-x;
  max-width: 80em;}
tr{height:24px;}
td {padding: .5em 3em;}
```

排版类样式文件typography.css代码如下：

```
body {font-size: 100%; font-family: "宋体","黑体";}
body * {font-size: 1em;}
```

3. 事件处理文件的建立

实现条纹表格行样式设置的函数与移入或移出行的样式设置函数的脚本页面global.js的代码如下：

```
//添加样式
function addClass(element, value) {
    if(!element.className) {
        element.className=value+" ";
    } else {
        var newClassName=element.className;
        newClassName+=" ";
        newClassName+=value;
        element.className=newClassName;
    }
}
//条纹表格行的样式设置
function stripeTables() {
    if(!document.getElementsByTagName) return false;
    var tables=document.getElementsByTagName("table");
    for(var i=0;i<tables.length;i++) {
        var odd=false;
        var rows=tables[i].getElementsByTagName("tr");
        for(var j=0;j<rows.length;j++) {
            if(odd==true) {
                addClass(rows[j], "odd");
                odd=false;
            } else {
                odd=true;
            }
        }
    }
}
//移入或移出行的样式设置
function highlightRows() {
    if(!document.getElementsByTagName) return false;
    var rows=document.getElementsByTagName("tr");
    for(var i=0;i<rows.length;i++) {
```

```
        rows[i].oldClassName=rows[i].className
        rows[i].onmouseover=function () {
            addClass(this, "highlight");
        }
        rows[i].onmouseout=function() {
            this.className=this.oldClassName
        }
    }
}
```

注意：

在color.css和layout.css都有对body标签样式类的定义，它们之间的关系是合并不同样式设置与覆盖相同样式设置。

stripeTables()函数适合多个table。其中使用global.js中的定义的addClass()函数改变新行的样式设置。

4. 加载CSS与JavaScript页面内容

在<head>标签中导入外部样式表（styles/basic.css）与外部脚本文件（script/global.js）：.

```
<link href="styles/basic.css" rel="stylesheet" type="text/css" />
<script src="script/global.js"></script>
```

在<table></table>标签之后加入“条纹表格行的样式设置函数stripeTables()”和“移入或移出行的样式设置函数highlightRows()”的调用：

```
<script>
    stripeTables();
    highlightRows();
</script>
```

运行代码，页面浏览效果如图8-7所示。

8.6.4 实例拓展

考察本table标签中涉及的数据，思考如何用JavaScript 组织与读取这些数据。一种方法是用XML数据；另一种方法是用JSON（JavaScript Object Notation）数据。

表格数据由表头（header）和表体（body）两部分组成。表体部分的数据用数组表示。

1. 自定义对象的定义

```
var data=
{
   body:[
      [ "姓名","性别","院系"],
      ["张山","男", "计通院",],
      ["李斯","女", "传艺系"],
      ["王尔","男", "汽车系",],
      ["马之","女", "电子学院"]
   ]
};
```

2. 自定义对象及其成员的访问

（1）访问data中body用data.body。

（2）访问“李斯”用data.body[1][0]。

（3）访问“传媒系”用data.body[1][2]。

3. 自定义对象应用实例

```
//读取JSON对象，创建table节点
function createTable() {
    var doc=document;
    var table=document.createElement("table");
    table.border="1px";
    var tr=document.createElement("tr");
    var tbody=document.createElement("tbody");
    table.appendChild(tr);
    //建表
    for(var i=0; i<data.body.length; i++) {
        //建立表行
        var tr=document.createElement("tr");
        for(var j=0; j<data.body[i].length; j++) {
            var td=document.createElement("td");
            var text=document.createTextNode(data.body[i][j]);
            td.appendChild(text);
            tr.appendChild(td);
        }
        tbody.appendChild(tr);
        table.appendChild(tbody);
    }
    document.body.appendChild(table);
}
createTable();
```

习　题

1. 在节点<body>下添加一个<div>,正确的语句为（　　）。

   A. var div1 = document.createElement("div");document.body.appendChild(div1);

   B. var div1 = document.createElement("div");document.body.deleteChild(div1)

   C. var div1 = document.createElement("div");document.body.removeChild(div1)

   D. var div1 = document.createElement("div");document.body.replaceChild(div1)

2. 在某页面中有一个10行3列的表格，表格的id为Ptable，下面的选项（　　）能够删除最后一行。

   A. document.getElementById("Ptable").deleteRow(10);

   B. var delrow=document.getElementById("Ptable").lastChild;
   delrow.parentNode.removeChild(delrow);

   C. var index=document.getElementById("Ptable").rows.length;
   document.getElementById("Ptable").deleteRow(index);

D. var index=document.getElementById("Ptable").rows.length-1;
document.getElementById("Ptable").deleteRow(index);

3. 某页面中有一个1行2列的表格，其中表格行<tr>的id为r1，下列（　　）能在表格中增加一列，并且将这一列显示在最前面。

A. document.getElementById("r1").Cells(1);

B. document.getElemtntById("r1").Cells(0);

C. document.getElementById("r1").insertCell(0);

D. document.getElemtntById("r1").insertCell(1);

4. 某页面中有一个id为main的div，div中有两个图片及一个文本框，下列（　　）能够完整地复制节点main及div中所有内容。

A. document.getElementById("main").cloneNode(true);

B. document.getElementById("main").cloneNode(false);

C. document.getElementById("main").cloneNode();

D. main.cloneNode();

第9章　JavaScript和CSS的交互

9.1　样式表回顾

9.1.1　什么是样式表

层叠样式表（Cascading Style Sheets）是一种用来表现HTML（标准通用标记语言的一个应用）或XML（标准通用标记语言的一个子集）等文件样式的计算机语言。CSS不仅可以静态地修饰网页，而且可以配合各种脚本语言动态地对网页各元素进行格式化。

CSS能够对网页中元素位置的排版进行像素级精确控制，支持几乎所有的字体字号样式，拥有对网页对象和模型样式编辑的能力。

9.1.2　样式表的分类

样式表的规则是：

```
样式属性 : 样式值 ;
```

例如：

```
font-size:23px;
```

使用多个样式时，中间用分号（;）隔开。

样式表主要分为以下三种。

1. 行内样式表

行内样式表主要适用于某个网页的某个标记在某处的规则，语法如下：

```
<标记  style="样式属性 : 样式值 ">
```

【示例9-1】 网页上有三个标题：张三、李四、王五，其中李四通过样式设置为45px，红色。代码如下：

```
<html>
    <body>
        <title></title>
    <body>
    <body>
        <h1>张三</h1>
        <h1  stye="font-size:45;color:#ff0000">李四</h1>
```

```
        <h1> 王五 </h1>
    </body>
</html>
```

运行代码，页面效果如图9-1所示。

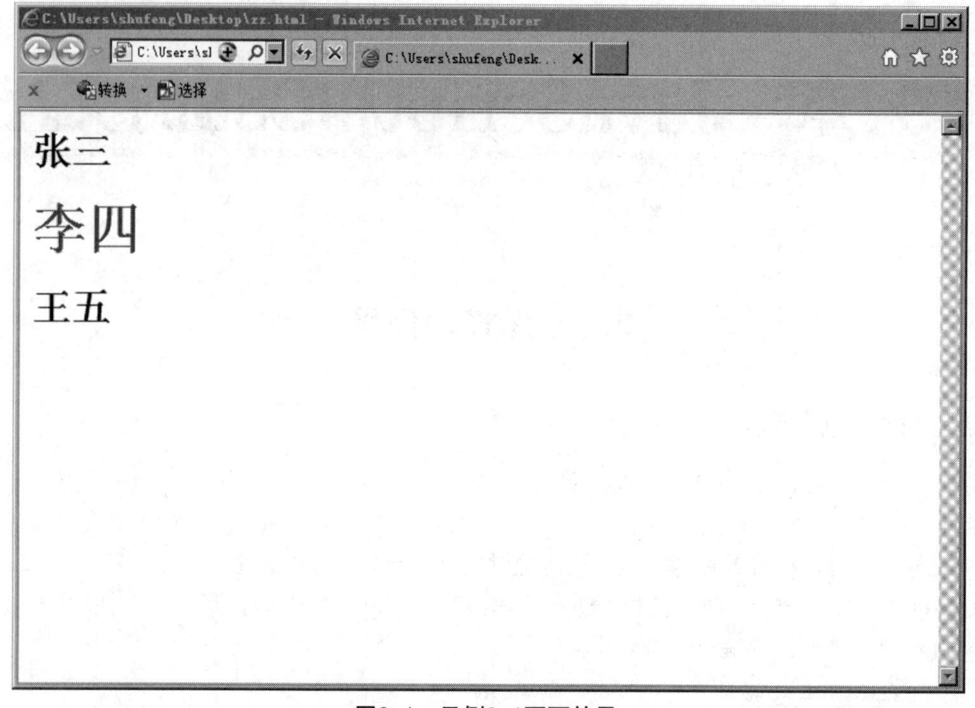

图9-1　示例9-1页面效果

2. 内嵌样式

内嵌样式适用于某个网页上的样式设置，在HTML的head里面加入如下标记：

```
<style type="text/css">
    选择器{样式属性：样式值;}
</style>
```

根据选择器的不同，分为三种选择器。

（1）标记选择器，表示凡在本网页中用到此标记，且此标记没有设置其他规则，则均以此规则为主。

【示例9-2】网页上有三个标题：张三、李四、王五，样式均设置为45px，红色。代码如下：

```
<html>
    <body>
        <title></title>
        <style type="text/css">
            h1{font-size:45;color:#ff0000}
        </style>
    <body>
    <body>
        <h1> 张三 </h1>
        <h1> 李四 </h1>
```

```
        <h1> 王五 </h1>
    </body>
</html>
```

运行代码，页面效果如图9-2所示。

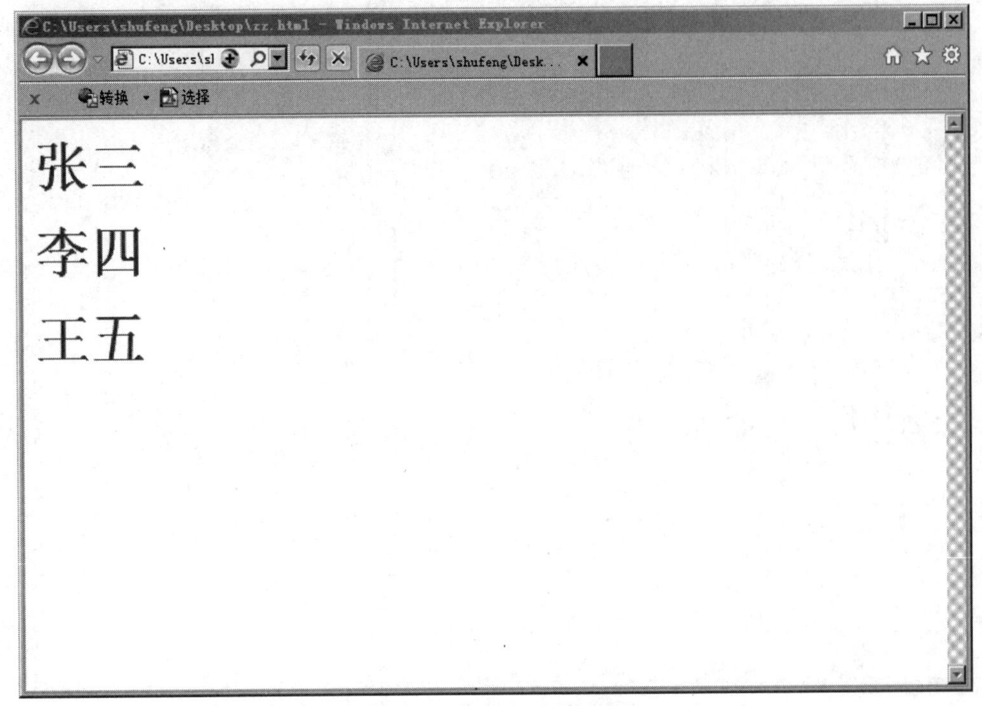

图9-2 示例9-2页面效果

（2）类选择器

当某个网页中有多个标记在某处具有相似的规则时，宜用类选择器。

类选择器格式：

```
.名{样式属性：样式值；}
```

其中名前的点（.）在这里只起到说明作用，说明名是一个类选择器。

【示例9-3】有如下代码：

```
<html>
    <body>
        <title></title>
        <style type="text/css">
            .fontset{font-size:45;color:#ff0000}
        </style>
    <body>
    <body>
        <h1> 张三 </h1>
        <h1 class="fontset"> 李四 </h1>
        <h1> 王五 </h1>

        <p> 张三 </p>
        <p class="fontset"> 李四 </p>
```

```
        <p> 王五 </p>
    </body>
</html>
```

运行代码，页面效果如图9-3所示。

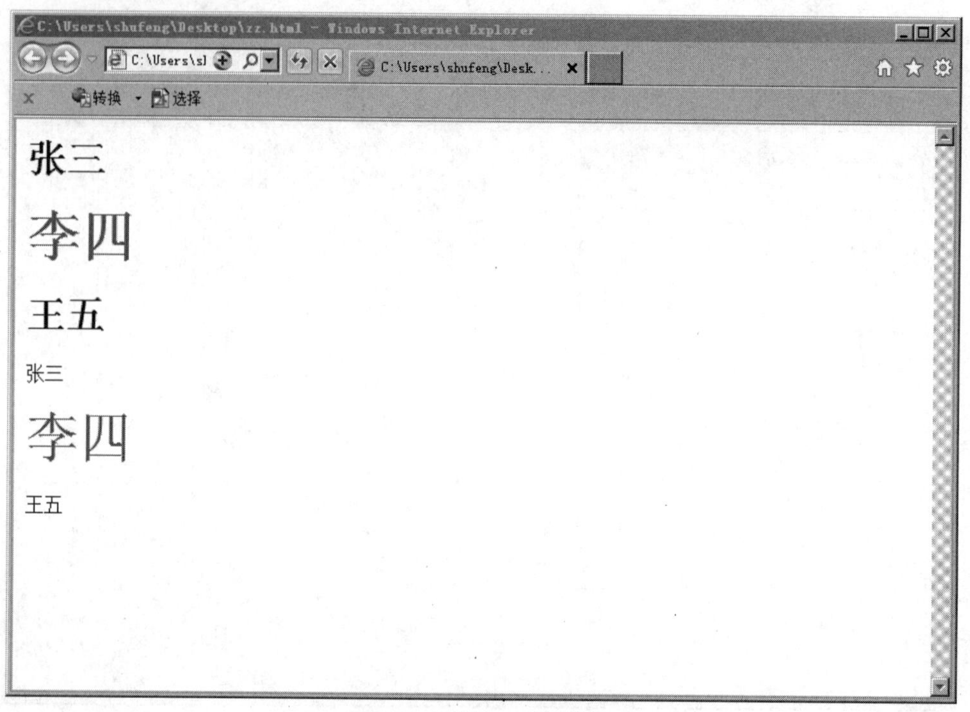

图9-3　示例9-3页面效果

（3）id选择器。

可以为标有特定id的HTML元素指定特定的样式，以“#”来定义。

下面的第一个id选择器可以定义元素的颜色为红色，第二个id选择器可以定义元素的颜色为绿色：

```
#red {color:red;}
#green {color:green;}
```

下面的HTML代码中，id属性为red的p元素显示为红色，id属性为green的p元素显示为绿色。

```
<p id="red"> 这个段落是红色。</p>
<p id="green"> 这个段落是绿色。</p>
```

3. 外部样式

外部样式表主要适用于开发网站时，此时需要网站风格基本一致，可设置一个外部样式表进行控制格式。外部式CSS样式（也称外联式）就是把CSS代码写在一个单独的外部文件中，这个CSS样式文件以.css为扩展名。此文件中的样式规则如下：

```
选择器 { 样式属性：样式值 }
```

网页上使用样式表有两种方式：

（1）使用<link>标签链接到外部样式文件。

（2）使用@import方法导入外部样式表。

【示例9-4】有如下代码：（样式表文件名demo.css）

```
demo.css
@charset "utf-8";
/* CSS Document */
.fontset{font-size:45;color:#ff0000}
```

使用link标签调用HTML代码如下：

```
<html>
    <body>
        <title></title>
        <link  href="demo.css" rel="stylesheet">
    <body>
    <body>
        <h1> 张三 </h1>
        <h1 class="fontset"> 李四 </h1>
        <h1> 王五 </h1>

        <p> 张三 </p>
        <p class="fontset"> 李四 </p>
        <p> 王五 </p>
    </body>
</html>
```

使用@import方法导入外部样式表：

```
<html>
    <body>
        <title></title>
        <style type="text/css" >
            @import("demo.css");
        </style>
    <body>
    <body>
        <h1> 张三 </h1>
        <h1 class="fontset"> 李四 </h1>
        <h1> 王五 </h1>

        <p> 张三 </p>
        <p class="fontset"> 李四 </p>
        <p> 王五 </p>
    </body>
</html>
```

运行代码，页面效果如图9-4所示。

上述代码中，<link href="demo.css" rel="stylesheet"> rel="stylesheet"表示激活样式表。若没有这个属性，则样式表将不能被调用。

使用@import方法导入外部样式表时，一定是先使用@import导入，然后才可以使用其他样式表。若除了引入demo.css文件外，还需要加入字形，则代码如下：

```
<style type="text/css" >
        @import("demo.css");
        H1{font-family:'华文彩云'}
    </style>
```

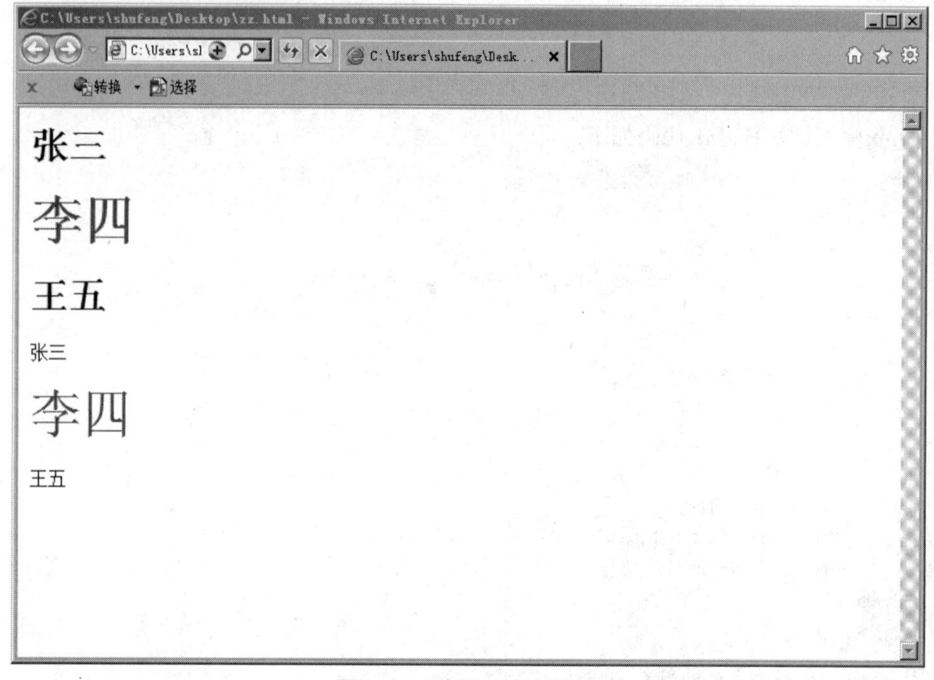

图9-4　示例9-4页面效果

9.1.3　样式表的常用属性

样式表的常用属性如表9-1所示。

表9-1　样式表的常用属性

类　别	属　性	描　述
文本属性	font-size	字体大小
	font-family	字体类型
	font-style	字体样式
	color	设置或检索文本的颜色
	text-align	文本对齐
	line-height	行高
边框属性	border	设置 4 个边框所有的属性
	border-width	设置边框的宽度
	border-style	设置边框的样式
	border-color	设置边框的颜色

续表

类 别	属 性	描 述
边界属性	margin	设置所有外边框属性
	margin-left margin-right margin-top margin-bottom	分别设置元素的左、右、上、下外边距
填充属性	padding	设置元素的所有内边距
	padding-left padding-right padding-top padding-bottom	分别设置元素的左、右、上、下内边距
背景属性	background-color	设置背景颜色
	background-image	设置背景图像
	background-repeat	设置一个指定的图像如何被重复

【示例9-5】界面如图9-5所示，要求如下：

（1）使用CSS样式美化会员登录页面。

（2）页面中字体大小为12px，超链接文本无下画线，当鼠标移动到超链接上时，超链接文本颜色变为红色。

（3）会员名和密码在单元格中居右显示。

（4）文本输入框显示为细边框样式。

（5）登录按钮用图片显示。

（6）电子邮箱不能为空。

（7）电子邮箱中必须包含符号“@”和“.”。

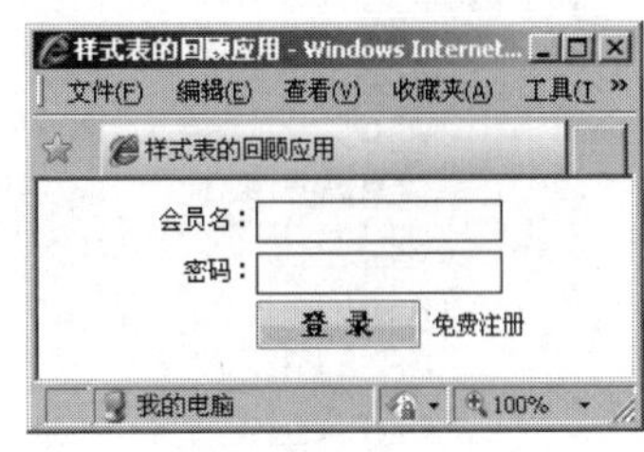

图9-5 登录界面

程序代码如下：

```
<!DOCTYPE html PUBLIC "-//W3C//DTD XHTML 1.0 Transitional//EN" "http://
www.w3.org/TR/xhtml1/DTD/xhtml1-transitional.dtd">
<html xmlns="http://www.w3.org/1999/xhtml">
<head>
<meta http-equiv="Content-Type" content="text/html; charset=gb2312" />
<title>样式表的回顾应用</title>
<style type="text/css">
body {
    font-size: 12px;
    line-height: 20px;
}
.left{
    text-align:right;
    width:100px;
    height:25px;
}
```

```
  a {
      text-decoration: none;
  }
  a:hover {
      color: #F00;
      text-decoration: none;
  }
  .border{
      border: 1px solid #333;
      width:120px;
      height:16px;
  }

  </style>
  </head>

  <body>
  <table width="100%" border="0" cellspacing="0" cellpadding="0">
   <form action="" method="post" name="myform">
    <tr>
      <td class="left">会员名：</td>
      <td><input type="text" name="user" id="user" class="border" /></td>
    </tr>
    <tr>
      <td class="left">密码：</td>
      <td><input name="pwd" id="pwd" type="text"  class="border"/></td>
    </tr>
    <tr>
      <td> </td>
      <td><input id="login" type="image" value="登 录" src="images/btn.jpg" />
      <a href="#">免费注册</a></td>
    </tr>
    </form>
  </table>

  </body>
  </html>
```

9.2 JavaScript访问样式的常用方法

CSS在很多时候不能满足页面动态的样式效果，这时就需要在JS或者jQuery中动态修正，让样式使用起来更加灵活。

CSS经常和以下事件进行配合使用，如表9-2所示。

表9-2 和CSS结合使用的事件

名　称	描　述
onclick	当用户单击某个对象时调用事件
onmouseover	鼠标移到某元素之上

续表

名　　称	描　　述
onmouseout	鼠标从某元素移开
onmousedown	鼠标按钮被按下

【示例9-6】网页上有一个标题H1，内容是“鼠标事件练习”，当鼠标移到H1上时报“鼠标在我上面了！”，当鼠标在H1上按下左键时报“鼠标单击左键了！”，当鼠标离开H1时报“鼠标离开我了！”，界面如图9-6所示。

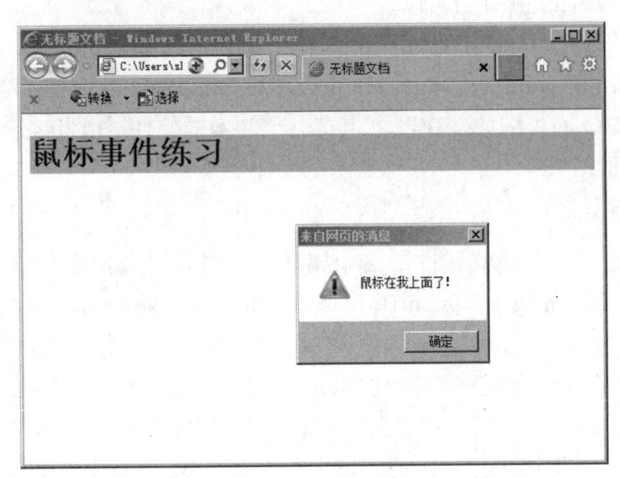

图9-6　程序界面图

程序代码如下：

```
<!DOCTYPE html PUBLIC "-//W3C//DTD XHTML 1.0 Transitional//EN" "http://www.w3.org/TR/xhtml1/DTD/xhtml1-transitional.dtd">
<html xmlns="http://www.w3.org/1999/xhtml">
<head>
<meta http-equiv="Content-Type" content="text/html; charset=utf-8" />
<title>无标题文档</title>
<script language="javascript">
    function mouseOverH1()
    {
        alert("鼠标在我上面了！");
    }
    function mouseOutH1()
    {
        alert("鼠标离开我了！");
    }
    function mouseDownH1()
    {
        alert("鼠标单击左键了！");
    }


</script>
</head>
```

```
<body >

<h1 onmouseover="mouseOverH1()" style="background-color:#CCC">鼠标事件练习 </h1>
</body>
</html>
```

9.2.1 DOM的style属性

HTML页面在浏览器里以DOM树的形式表现，组成DOM树的分支与末端称为节点。它们都是一个一个对象，具有自己的属性和方法。

有多种方法可以选择单个的DOM节点或节点集合，比如document.getElementById()、document.getElementsByName()、document.getElementsByTagName()等，使用比较多的是document.getElementById()。例如，在网页上有一个文本框控件，id为userNameId，则可以通过以下语句来修改文本框的值：

```
document.getElementById("userNameId").Value= 值 ;
```

每个DOM节点都有一个style属性，这个属性本身也是对象，它包含了应用于节点的CSS样式信息。例如，document.getElementById("userNameId").style.width="30px"或者document.getElementById("userNameId").style["width"]="30px"，两种方式均设置文本框的宽度为30px。

CSS的很多属性名称包含连字符，比如background-color、sont-size、text-align等。但JavaScript不允许在属性或方法名称里使用连字符，因此需要调整这些名称的书写方式。方法是删除其中的连字符，并且把连字符后面的字母大写，于是font-size变成fontSize，其他类似。tyle对象常用的样式属性如表9-3所示。

表9-3 style对象常用的样式属性

类　别	属　性	描　述
Padding (边距)	padding	设置元素的填充
	paddingTop paddingBottom paddingLeft paddingRight	设置元素的上、下、左、右填充
Border (边框)	border	设置 4 个边框所有的属性
	borderTop borderBtttom borderLeft borderRight	设置上、下、左、右边框的属性
Background (背景)	backgroundColor	设置元素的背景颜色
	backgroundImage	设置元素的背景图像
	backgroundRepeat	设置是否及如何重复背景图像
Text (文本)	fontSize	设置元素的字体大小
	fontWeight	设置字体的粗细
	textAlign	排列文本
	textDecoration	设置文本的修饰

续表

类　别	属　性	描　述
Text（文本）	font	在一行设置所有的字体属性
	color	设置文本的颜色

遗憾的是，虽然这种方式在用于内联样式时很正常，但如果是在页面<head>部分里使用<style>元素，或是使用外部样式表来设置页面元素的样式，DOM的style对象就不能访问它们了。

【示例9-7】 编写程序实现按钮单击时窗体背景色红色和黄色互换。

（1）编写网页界面代码，代码如下：

```
<!DOCTYPE html PUBLIC "-//W3C//DTD XHTML 1.0 Transitional//EN" "http://
www.w3.org/TR/xhtml1/DTD/xhtml1-transitional.dtd">
<html xmlns="http://www.w3.org/1999/xhtml">
<head>
<meta http-equiv="Content-Type" content="text/html; charset=utf-8" />
<title>javascript 动态改变网页的背景色红黄互换 </title>
</head>

<body id="bodycoloe1">
<input type="button" value=" 更换背景色 " />
</body>
</html>
```

界面如图9-7所示。

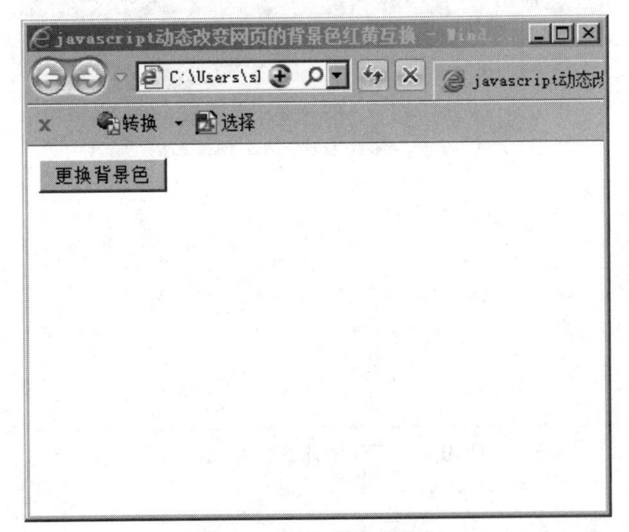

图9-7　更换背景色界面

（2）编写JavaScript代码如下：

```
function toggle(){
    var myElement=document.getElementById("bodycoloe1");
    if(myElement.style.backgroundColor=='red' ){
        myElement.style.backgroundColor='yellow';
```

```
        myElement.style.color='black';
    }
    else{
        myElement.style.backgroundColor='red';
    }
    window.onload=function(){
        document.getElementById("btn1").onclick=toggle;
}
```

（3）在button控件中加上onclick=" toggle()"即可实现。

【示例9-8】制作如图9-8所示的菜单，当鼠标移动到某一菜单上时，改变菜单背景为红色。

图9-8　样式菜单界面

（1）先不考虑背景色，界面如图9-9所示。

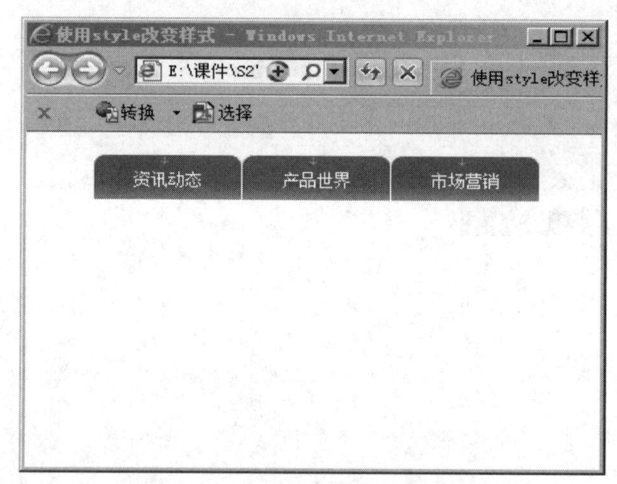

图9-9　不考虑样式的菜单界面

代码如下：

```
<!DOCTYPE html PUBLIC "-//W3C//DTD XHTML 1.0 Transitional//EN" "http://
www.w3.org/TR/xhtml1/DTD/xhtml1-transitional.dtd">
<html xmlns="http://www.w3.org/1999/xhtml">
<head>
<meta http-equiv="Content-Type" content="text/html; charset=gb2312" />
<title>使用 style 改变样式</title>
<style type="text/css">
li{
```

```
    font-size: 12px;
    color: #ffffff;
    background-image: url(images/bg1.gif);
    background-repeat: no-repeat;
    text-align: center;
    height: 33px;
    width:104px;
    line-height:38px;
    float:left;
    list-style:none;
}
</style>
</head>

<body>
<ul>
<li> 资讯动态 </li>
<li> 产品世界 </li>
<li> 市场营销 </li>
</ul>
</body>
</html>
```

（2）考虑鼠标移到菜单上，背景变成红色，则在<head></head>嵌入如下代码：

```
<script type="text/javascript">
var len=document.getElementsByTagName("li");
for(var i=0;i<len.length;i++){
 len[i].onmouseover=function(){
     this.style.backgroundImage="url(images/bg2.gif)";
 }
 len[i].onmouseout=function(){
     this.style.backgroundImage="url(images/bg1.gif)";
 }

 }

</script>
```

其中var len=document.getElementsByTagName("li");表示通过li标记获得一组li标记对象，for(var i=0;i<len.length;i++)表示循环遍历每一个对象。因为这三个菜单实现效果是一样的，因此通过循环，连接上匿名函数，对每一个菜单设置背景图片是images/bg1.gif还是images/bg2.gif。

或者用下面的方法来解决：

```
<ul>
<li onmouseover="this.style.backgroundImage='url(images/bg2.gif)'"
onmouseout="this.style.backgroundImage='url(images/bg1.gif)'"> 资讯动态 </li>
<li onmouseover="this.style.backgroundImage='url(images/bg2.gif)'"
onmouseout="this.style.backgroundImage='url(images/bg1.gif)'"> 产品世界 </li>
<li onmouseover="this.style.backgroundImage='url(images/bg2.gif)'"
onmouseout="this.style.backgroundImage='url(images/bg1.gif)'"> 市场营销 </li>
</ul>
```

9.2.2 className调用类选择器

通过style属性可以控制元素的样式的改变，因此可以通过改变行为层DOM的style属性实现控制表现层显示的目的，但是这种方式实现起来代码比较烦琐，而且为了实现通过DOM脚本设置的样式，不得不花时间去研究JavaScript函数，去寻找对应修改和设置样式的相关属性，且通过style属性修改样式，每次添加或修改JS脚本的代码量远大于修改CSS样式的代码量。例如，在示例9-8中添加一组规则，鼠标移到菜单上时字体同时变成“华文彩云”，离开变成“宋体”，则需要在JavaScript中加入以下语句：

```
len[i].onmouseover=function(){
    this.style.backgroundImage="url(images/bg2.gif)";
    this.style.fontFamily="华文彩云";
}
len[i].onmouseout=function(){
    this.style.backgroundImage="url(images/bg1.gif)";
    this.style.fontFamily="宋体";
}
```

所以，与其使用DOM直接改变某个元素的样式。不如通过JavaScript代码去更新这个元素的class属性。

【示例9-9】对示例9-8使用className实现 。

（1）在<head>中写入样式规则，代码如下：

```
<style type="text/css">
li{
    font-size: 12px;
    color: #ffffff;
    background-image: url(images/bg1.gif);
    background-repeat: no-repeat;
    text-align: center;
    height: 33px;
    width:104px;
    line-height:38px;
    float:left;
    list-style:none;
}
.out{
    background-image: url(images/bg1.gif);
}
.over{
    background-image: url(images/bg2.gif);
    color:#ffff00;
    font-weight:bold;
    cursor:hand;
}
</style>
```

（2）在窗体中引用代码如下：

```
<body>
<ul>
<li onmouseover="this.className='over'" onmouseout="this.className='out'">
资讯动态</li>
<li onmouseover="this.className='over'" onmouseout="this.className='out'">
```

```
产品世界 </li>
    <li onmouseover="this.className='over'" onmouseout="this.className='out'">
市场营销 </li>
    </ul>
    </body>
```

实现效果与示例9-8相同，如果需要添加新的规则，直接在样式表中添加相应的规则即可。

【示例9-10】 如图9-10所示界面，满足以下要求：

（1）默认状态下，“首页”“家用电器”等文本的背景图片为bg1.jpg，字体大小为14px，加粗显示，字体颜色为白色。

（2）当鼠标移到某个菜单项时，该菜单项出现光照效果。

（3）当鼠标移出菜单项时，该菜单项恢复为默认状态。

图9-10 贵美商城界面

操作步骤如下：

（1）写出网页代码：

```
<!DOCTYPE html PUBLIC "-//W3C//DTD XHTML 1.0 Transitional//EN" "http://
www.w3.org/TR/xhtml1/DTD/xhtml1-transitional.dtd">
<html xmlns="http://www.w3.org/1999/xhtml">
<head>
<meta http-equiv="Content-Type" content="text/html; charset=gb2312" />
<title>使用 className 改变样式 </title>
<style type="text/css">
#left{
    background-image: url(images/left.jpg);
    background-repeat: no-repeat;
    height:32px;
    width:10px;
}
ul{
    margin: 0px;
    padding: 0px;
    float: left;
}
li{ background-image: url(images/bg1.jpg);
    background-repeat: no-repeat;
    height:32px;
    width:83px;
    text-align:center;
    line-height:35px;
    font-size:14px;
```

```
    color:#ffffff;
    font-weight:bold;
    list-style:none;
    float:left;

}

</style>

</head>

<body>
<table width="100%" border="0" cellspacing="0" cellpadding="0">

<tr>
    <td colspan="3"><img src="images/top.jpg" alt="logo"/></td>
  </tr>
  <tr>
  <td id="left"></td>
  <td style="width:664px;">
  <ul>
    <li>首 页</li>
    <li>家用电器</li>
    <li>手机数码</li>
    <li>日用百货</li>
    <li>书 籍</li>
    <li>帮助中心</li>
    <li>免费开店</li>
    <li>全球咨询</li>
    </ul>
    </td>
    <td><img src="images/search.jpg" alt="搜索" /></td>
  </tr>
</table>

</body>
</html>
```

（2）考虑菜单项出现光照效果，其中初始状态的背景图片为images/bg1.jpg，光照效果主要设置背景图片为images/bg2.jpg，字体和颜色以及字体的设置成粗体，CSS代码如下：

```
.bg{
    background-image: url(images/bg1.jpg);
}
.change{
    background-image: url(images/bg2.jpg);
    font-size:15px;
    color:#000000;
    font-weight:bold;
}
```

（3）设置JavaScript代码调用CSS，代码如下：

```
<script type="text/javascript">
var len=document.getElementsByTagName("li");
for(var i=0;i<len.length;i++){
```

```
        len[i].onmouseover=function(){
            this.className="change";
        }
        len[i].onmouseout=function(){
            this.className="bg";
        }

    }

    </script>
```

【示例9-11】 制作一个选项卡式的新闻导航界面（见图9-11），选项卡有三个导航：小说、非小说、少儿，当鼠标放到某菜单项时显示相应的内容。

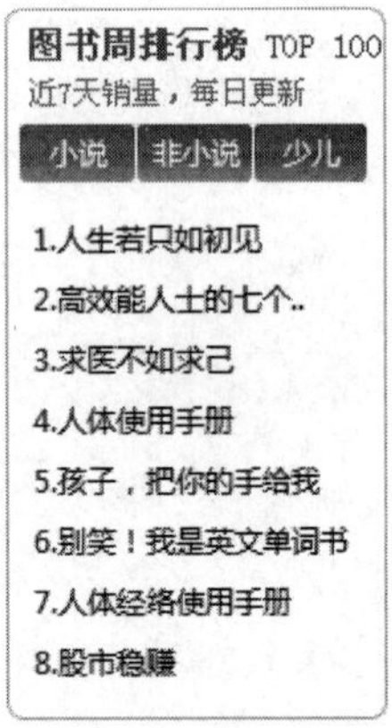

图9-11　示例9-11界面

（1）用div+table做出一个外框架，代码如下：

```
    <!DOCTYPE html PUBLIC "-//W3C//Dtd XHTML 1.0 transitional//EN" "http://
www.w3.org/tr/xhtml1/Dtd/xhtml1-transitional.dtd">
    <html xmlns="http://www.w3.org/1999/xhtml">
    <head>
    <meta http-equiv="Content-Type" content="text/html; charset=gb2312" />
    <title>TAB 切换 </title>
    <style type="text/css">
    body{
        margin:0;
    }
    .div_bg{
        background-image:url(images/bg.jpg);
        background-repeat:no-repeat;
        width:169px;
        height:290px;
        margin-top: 0px;
        margin-right: auto;
        margin-bottom: 0px;
        margin-left: auto;
    }
    td{
        font-size:12px;
        line-height:20px;
        color: #414141;
    }
    #myTable{
        width:145px;
        margin-left:auto;
        margin-right:auto;
    }

    </style>

    </head>

    <body>
    <div class="div_bg">
        <table id="myTable" border="0" cellspacing="0" cellpadding="0">
            <tr>
```

```
            <td style="height:50px;" colspan="3"></td>
        </tr>
        <tr>
            <td id="bg1"><a>小说</a></td>
            <td id="bg2"><a>非小说</a></td>
            <td id="bg3"><a>少儿</a></td>
        </tr>
        <tr>
            <td colspan="3" style="padding-top:10px; padding-left:5px; text-
align:left;">
            </td>
        </tr>
    </table>
</div>
</body>
</html>
```

（2）在表格的第三行放入三个div，为了看得更加清晰，在这里对层设置了外边框border:3 px solid #000，界面如图9-12所示。

代码如下：

```
<div id="book1" style="display:block;border:3px solid
#000"><a  href="#"
 target=_blank>1.时间旅行者的妻子</a><br>
        <a   href="#" target=_blank>2.女心理师（下）</a><br>
        <a   href="#" target=_blank>3.鬼吹灯之精绝古城</a><br>
        <a   href="#" target=_blank>4.女心理师（上）</a><br>
        <a   href="#" target=_blank>5.小时候</a><br>
        <a   href="#" target=_blank>6.追风筝的人</a><br>
        <a   href="#" target=_blank>7.盗墓笔记2</a><br>
        <a   href="#" target=_blank>8.输赢</a>
</div>
<div id="book2" style="display:block; border:3px solid
#000">
        <a   href="#" target=_blank>1.人生若只如初见</a><br>
        <a   href="#" target=_blank>2.高效能人士的七个..</a><br>
        <a   href="#" target=_blank>3.求医不如求己</a><br>
        <a   href="#" target=_blank>4.人体使用手册</a><br>
        <a   href="#" target=_blank>5.孩子，把你的手给我</a><br>
        <a   href="#" target=_blank>6.别笑！我是英文单词书</a><br>
        <a   href="#" target=_blank>7.人体经络使用手册</a><br>
        <a   href="#" target=_blank>8.股市稳赚</a>
</div>
<div id="book3" style="display:block;border:3px solid
#000">
        <a   href="#" target=_blank>1.斯凯瑞金色童书·..</
a><br>
        <a   href="#" target=_blank>2.哈利·波特与"混..</
a><br>
        <a   href="#" target=_blank>3.不一样的卡梅拉（..</a><br>
        <a   href="#" target=_blank>4.它们是怎么来的</a><br>
        <a   href="#" target=_blank>5.五·三班的坏小子..</a><br>
        <a   href="#" target=_blank>6.男生日记</a><br>
        <a   href="#" target=_blank>7.哈利·波特与魔法石</a><br>
        <a   href="#" target=_blank>8.噼里啪啦丛书（全7册）</a>
```

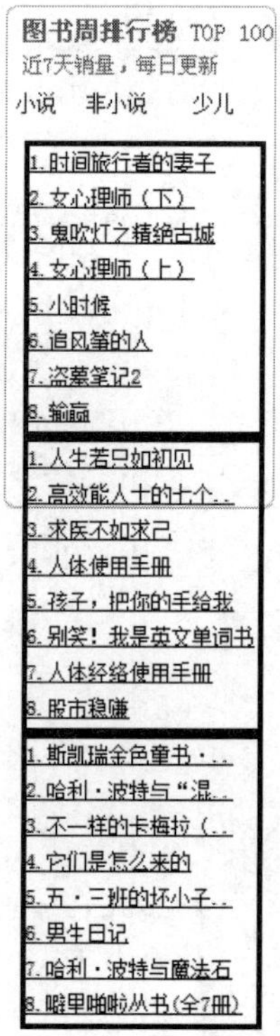

图9-12　添加三个层显示界面

```
</div>
```

同时在样式表中添加超链接样式，设置超链鼠标放上和离开的样式规则，代码如下：

```
a {
    color: #06329b;text-decoration: none;line-height:24px;
}
a:hover {
    color: #cc0000;text-decoration: none;line-height:24px;
}
```

（3）设置两个新的类样式，设置导航单元格的信息，代码如下：

```
.bg{background-image:url(images/menu1.gif);
    background-repeat:no-repeat;
    height:23px;
    width:47px;
    text-align:center;
}
.nobg{background-image:url(images/menu2.gif);
      background-repeat:no-repeat;
      height:23px;
      width:47px;
      text-align:center;
}
```

（4）去掉book1、book2、book3中的border:3px solid #000样式，对book2、book3设置display:none，通过JavaScript实现层的显示和隐藏，代码如下：

```
<script type="text/javascript">
    //设当前显示层
   function chgtt(d1){
    var NowFrame;
    if(Number(d1)){
       NowFrame=d1;
    }
    else
    {
       NowFrame=1;
    }
    for(var i=1;i<=3;i++){
     if(i==NowFrame){
       document.getElementById("book"+NowFrame).style.display ="block";
                                                                   //当前层
       document.getElementById("bg"+NowFrame).className="bg";
     }
     else
     {
       document.getElementById("book"+i).style.display ="none"; //隐藏其他层
       document.getElementById("bg"+i).className="nobg";
     }
    }
   }
   window.onLoad=chgtt();
</script>
```

9.2.3 与鼠标相关的样式属性

1. 鼠标位置样式

获取鼠标位置的样式属性如表9-4所示。

表9-4 鼠标位置样式

属　性	描　述
clientX	返回当事件被触发时，鼠标指针的水平坐标
clientY	返回当事件被触发时，鼠标指针的垂直坐标

clientX 事件属性返回当事件被触发时鼠标指针向对于浏览器页面（或客户区）的水平坐标。客户区指的是当前窗口。语法：

```
event.clientX
```

clientY 事件属性返回当事件被触发时鼠标指针向对于浏览器页面（客户区）的垂直坐标。客户区指的是当前窗口。语法：

```
event.clientY
```

注意：

此属性对IE8以前的版本不支持。

【示例9-12】 在窗体上单击空白处，获得当前鼠标的位置，界面如图9-13所示。

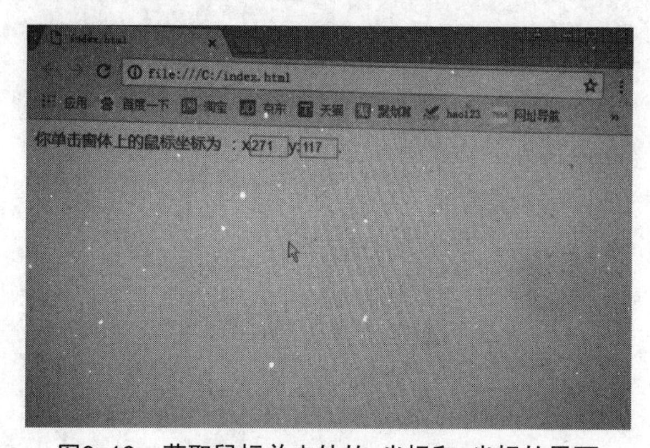

图9-13 获取鼠标单击处的x坐标和y坐标的界面

代码如下：

```
<html>
<head>
<script type="text/javascript">
function show_coords(event)
{
  x=event.clientX
  y=event.clientY
  document.getElementById("x").value=x;
  document.getElementById("y").value=y;
```

```
}
</script>
</head>
<body onmousedown="show_coords(event)" >
    <p>你单击窗体上的鼠标坐标为 : x<input type="text" name="x" id="x" style=
"width:40px">y:<input type="text" name="y" id="y" style="width:40px">.</p>
</body>
</html>
```

2. 图片滚动样式

设置图片滚动的样式属性如表9-5所示。

表9-5 图片滚动属性

属　性	描　述
scrollTop	设置或获取在垂直方向滚动条向下滚动的距离
pixelTop	设置或获取位于对象最顶端和窗口中最顶端之间的距离（IE 浏览器下）
scrollLeft	设置或获取位在水平方向滚动条向下滚动的距离
pixelLeft	设置或获取位于对象左边界和窗口中最左端的距离（IE 浏览器下）
clientWidth	浏览器中可见内容的高度，不包括滚动条等边线，会随窗口的显示大小改变
clientHeight	浏览器中可以看到内容的区域的高度

以下介绍几个较常用的属性。

（1）pixelLeft属性用来设置或获取位于对象左边界和窗口中最左端的距离。

语法结构：

```
dom对象. scrollLeft=num;
dom对象. pixelLeft =num;
```

【示例9-13】 实现logo自动向左移动，界面如图9-14所示。

图9-14 实现logo自动左移界面

① 先做一个div，设置div绝对定位（position:absolute）代码如下：

```
<html>
<head>
```

```
<meta http-equiv="Content-Type" content="text/html; charset=utf-8" />
<title>浮动广告左移</title>
</head>
<body >
<div  id="logoMove" style="left:200px; position:absolute">
    <img src="images/logo.png">
</div>
</body>
</html>
```

② 编写JavaScript代码，首先设置一个全局变量leftwidth，用来获得div的初始位置，编写初始函数initLeftWidth()，代码如下：

```
function initLeftWidth(){
    leftwidth=document.getElementById("logoMove").style.pixelLeft;
}
```

③ 编写移动函数mov()并用setInterval()调用，代码如下：

```
function mov()
{
    leftwidth+=2;
    document.getElementById("logoMove").style.pixelLeft=leftwidth
}
setInterval("mov()",100);
```

（2）pixelTop属性用来设置或获取位于对象顶端边界和窗口中最顶端的距离。

语法结构：

```
dom对象.scrollTop=num;
dom对象.pixelTop=num;
```

【示例9-14】 对示例9-13实现垂直方向自动移动。

① 与示例9-13相同。

② 编写JavaScript代码，首先设置一个全局变量topwidth，用来获得div的初始位置，编写初始函数initTopWidth()，代码如下：

```
function initTopWidth(){
    topwidth=document.getElementById("logoMove").style.pixelTop;
}
```

③ 编写移动函数mov()并用setInterval()调用，代码如下：

```
function mov()
{
    topwidth+=2;
    document.getElementById("logoMove").style.pixelTop=topwidth
}
setInterval("mov()",100);
```

（3）scrollTop属性用来设置或者返回指定元素在垂直滚动条向下滚动的距离。

语法结构：

```
dom.scrollLeft=num;
```

说明：

① 滚动条向下滚动可以将元素的内容遮挡于元素的上边缘以外。

② 滚动条向下滚动的视觉距离和实际被遮挡的内容实际尺寸是有差距的。

③ 滚动条可以设置为可见或不可见的。

④ 只有内容的高度超过元素的高度，此属性才会生效。

【示例9-15】 对图9-15所示的界面实现在垂直方向自动向下移动。

图9-15 滚动条向下自动移动

（1）首先把界面做出来，代码如下：

```
<html>
<head>
<meta http-equiv="Content-Type" content="text/html; charset=utf-8" />
<title>浮动广告左移</title>
<script language="javascript">

</script>
</head>

<body >
<img src="images/siso.png">
</body>
</html>
```

（2）通过document.body.scrollTop获得窗体的滚动距离，只需要自身+1就可以实现，代码如下：

```
function add() {
    document.body.scrollTop++;
}
setInterval(add,10);
```

9.3　实例：浮动广告

9.3.1　学习目标

（1）熟练掌握style对象操作css。

（2）熟练掌握className操作css。

（3）熟练掌握鼠标相关的样式属性。

9.3.2　实例介绍

由于招生需要，苏州工业园区服务外包职业学院的官网上需要加一个浮动广告，广告的内容是一个招生的logo，该浮动广告自动实现在主页上浮动，当单击该logo时自动跳到学校招生网站，界面如图9-16所示。

图9-16　浮动广告界面

9.3.3　实施过程

根据实例界面与要求，实例过程可以分为以下几步。

（1）用Dreamweaver设计页面。

HTML代码如下：

```
<html>
<head>
<meta http-equiv="Content-Type" content="text/html; charset=utf-8" />
<title>浮动广告</title>
<script language="javascript">
</script>
</head>

<body>
<div style=" position:absolute; left:200px; top:200px" id="zhaosheng">
```

```
<a href="http://zs.siso.edu.cn/"><img src="images/zhaosheng.png"></a>
</div>
<img src="images/siso.png">
</body>
</html>
```

（2）编写初始化函数，用来获取招生广告距离顶端和左端的距离，并通过窗体的onload事件调用。

声明变量和初始化函数的代码如下：

```
var topDistance=0;
var leftDistance=0;
function initDistance(){
    topDistance=document.getElementById("zhaosheng").style.pixelTop;
    leftDistance=document.getElementById("zhaosheng").style.pixelLeft;
}
```

（3）暂不考虑广告飘到可见窗体最右边、最下边，先实现窗体的移动，编写mov()函数，并且通过setInterval调用mov()函数，代码如下：

```
function mov()
{

    document.getElementById("zhaosheng").style.pixelTop= document.
getElementById("zhaosheng").style.pixelTop+10;
    document.getElementById("zhaosheng").style.pixelLeft= document.
getElementById("zhaosheng").style.pixelLeft+10;
}
setInterval("mov()",100);
```

（4）考虑广告飘到可见窗体最右边、最下边，开始向相反方向移动，在此用到dom.offsetWidth返回一个表示dom元素宽度的数值；dom.offsetHeight返回一个表示demo元素高度的数值，所以document.getElementById("zhaosheng").style.pixelTop要小于document.body. offsetHeight-document.getElementById("zhaosheng").offsetHeight 时逆向浮动，document.getElementById("zhaosheng").style.pixelLeft要大于document.body. offsetWidth-document.getElementById("zhaosheng").offsetWidth 时逆向浮动。所以核心代码是：

```
function mov()
{
    if(document.getElementById("zhaosheng").style.pixelTop>=document.
body. offsetHeight-document.getElementById("zhaosheng").offsetHeight)
        flagTop=-10;
    if(document.getElementById("zhaosheng").style.pixelTop<=0)
        flagTop=10;

    document.getElementById("zhaosheng").style.pixelTop= document.
getElementById("zhaosheng").style.pixelTop+flagTop;


    if(document.getElementById("zhaosheng").style.pixelLeft>=document.
body. offsetWidth-document.getElementById("zhaosheng").offsetWidth)
        flagLeft=-10;
    if(document.getElementById("zhaosheng").style.pixelLeft<=0)
        flagLeft=10;
```

```
    document.getElementById("zhaosheng").style.pixelLeft=document.
getElementById("zhaosheng").style.pixelLeft+flagLeft;

  }
```

9.3.4 实例拓展

键盘的上下左右键对应的ASCII码是38、39、37、40，可以通过event.keyCode来显示这个值，因此可以通过键盘的上下左右键来实现层的移动，代码如下：

```
<script language="javascript">
function mov()
{
    var st=document.getElementById("zhaosheng").style;
    if(event.keyCode==38)
        st.pixelTop= st.pixelTop-10;
    if(event.keyCode==40)
        st.pixelTop=st.pixelTop+10;
    if(event.keyCode==37)
        st.pixelLeft=st.pixelLeft-10
    if(event.keyCode==39)
        st.pixelLeft= st.pixelLeft+10;
}
document.onkeydown=mov;
</script>
```

对于样式属性的使用，参考实例拓展的示例代码，开发出桌上弹球、金鸡下蛋、汽车躲避障碍物等游戏，请读者自行练习。

习　题

1. 在页面中有一个ID为title的层，当鼠标移动层上时，下面（　　）可以正确地改变层中文字样式。假设var title=document.getElementById("title")。

A. title.style.color="#ff0000";

B. title.style.textDecoration="underline";

C. title.style.font-weight="bold";

D. title.style.font-Size="16px";

2. 在CSS中，为页面中的某个DIV标签设置以下样式，则该标签的实际宽度为（　　）。

```
div { width:200px; padding:0 20px; border:5px; }
```

A. 200px　　B. 220px　　C. 240px　　D. 250px

3. 在HTML中，DIV默认样式下是不带滚动条的，若要使<div>标签出现滚动条，需要为该标签定义（　　）样式。

A. overflow:hidden;　　B. display:block;

C. overflow:scroll;　　D. display:scroll;

4. 当鼠标指针移到页面上的某张图片上时，图片出现一个边框，并且图片放大，这是因为激发了下面的（　　）事件。

A. onclick　　B. onmousemove　　C. onmouseout　　D. onmousedown

5. 页面上有一个文本框和一个类change，change可以改变文本框的边框样式，使用下面的（　　）不可以实现当鼠标指针移到文本框上时文本框的边框样式发生变化。

A. onmouseover="className='change'";

B. onmouseover="this.className='change'";

C. onmouseover="this.style.className='kchange'";

D. onmousemove="this.style.border='solid 1px #ff0000'";

6. 下列选项中，不属于文本属性的是（　　）.

A. font-size　　B. font-style　　C. text-align　　D. background-color

7. 页面中有一个id为price的层，并且有一个id选择器price用来设置层price的样式，在IE浏览器中运行此页面，下面（　　）能正确获取层的背景颜色.

A. document.getElementById("price").currentStyle.backgroundColor;

B. document.getElementById("price").currentStyle.background-color;

C. document.getElementById("price").style.backgroundColor;

D. var divObj=document.getElementById("price");
document.defaultView.getComputedStyle(divObj,null).background;

8. 下面选项中（　　）能够获取滚动条距离页面顶端的距离。

A. onscroll　　B. scrollLeft　　C. scrollTop　　D. top

9. 编程实现一个图片在浏览器的右侧，当鼠标滚动时，图片随滚动条滚动，如图9-17所示。

图9-17　随鼠标滚动的图片

第 10 章　正则表达式和表单验证

10.1　正则表达式意义

正则表达式又称规则表达式，它可以通过一些设定的规则来匹配字符串，是一个强大的字符串匹配工具。正则表达式提供了功能强大、灵活而又高效的方法来处理文本。正则表达式的全面模式匹配表示法可以快速地分析大量的文本，以找到特定的字符模式；提取、编辑、替换或删除文本子字符串；或将提取的字符串添加到集合以生成报告。通常，它有两类用途：①数据有效性验证；②查找和替换。

10.2　正则表达式方法

10.2.1　正则表达式语法

正则表达式的声明有两种方式：

1. 普通方式

```
var reg=/表达式/附加参数
```

例如：

```
var reg=/white/;
var reg=/white/g;
```

2. 构造函数

```
var reg=new RegExp("表达式","附加参数")
```

附加参数有：i:表示区分大小写字母匹配；m：表示多行匹配；g:表示全局匹配。

例如：

```
var reg=new RegExp("white");
var reg=new RegExp("white","g");
```

两种正则表达式生成方式的区别在于：

①采用普通方式声明语法新建的正则表达式对象在代码编译时就会生成，是平常开发中常用的方式。

②采用构造函数生成的正则对象要在代码运行时生成。

10.2.2 正则表达式常用方法

正则表达式常用方法分为两类：String对象方法和RegExp对象方法。

1. String对象方法

常用的String对象方法如表10-1所示。

表10-1 String对象方法

方法	描述
match	找到一个或多个正则表达式的匹配
search	检索与正则表达式相匹配的值
replace	替换与正则表达式匹配的字符串
split	把字符串分割为字符串数组

（1）match()方法。

作用：该方法用于在字符串内检索指定的值，或找到一个或者多个正则表达式的匹配。类似于indexOf()或者lastIndexOf()。

基本语法：

```
stringObject.match(searchValue) 或者 stringObject.match(regexp)
```

返回值：存放匹配成功的数组。它可以为全局匹配模式，全局匹配时返回的是一个数组。如果没有找到任何匹配，那么它将返回null。返回的数组内有三个元素，第一个元素的存放的是匹配的文本；index属性表明的是匹配文本的起始字符在stringObject中的位置；input属性声明的是对stringObject对象的引用。

例如：

```
var str ="hello world";
document.write(str.match("hello")); // ["hello", index: 0, input:"hello world"]
document.write (str.match("Helloy")); // null
document.write (str.match(/hello/)); // ["hello", index: 0, input: "hello world"]
// 全局匹配
var str2="1 plus 2 equal 3"
document.write (str2.match(/\d+/g)); //["1","2","3"]
```

（2）search()方法。

作用：该方法用于检索字符串中指定的子字符串，或检索与正则表达式相匹配的字符串。

基本语法：

```
stringObject.search(regexp);
```

返回值：返回该字符串中第一个与regexp对象相匹配的子串的起始位置。如果没有找到任何匹配的子串，则返回-1。search()方法不执行全局匹配，它将忽略标志g。

例如：

```
var str="hello world,hello world";
// 返回匹配到的第一个位置（使用的 regexp 对象检索）
document.write(str.search(/hello/));          //0
// 没有全局的概念，总是返回匹配到的第一个位置
document.write(str.search(/hello/g));         //0
```

```
document.write(str.search(/world/));        //6
// 如果没有检索到，则返回 -1
document.write(str.search(/longen/));       //-1
// 检索的时候可以忽略大小写
var str2="Hello";
document.write(str2.search(/hello/i));      //0
```

（3）replace()方法。

作用：该方法用于在字符串中使用一些字符替换另一些字符，或者替换一个与正则表达式匹配的子字符串。

基本语法：

```
stringObject.replace(regexp/substr,replacement);
```

返回值：返回替换后的新字符串。

注意：

字符串的stringObject的replace()方法执行的是查找和替换操作，替换的模式有两种，既可以是字符串，也可以是正则匹配模式。如果是正则匹配模式，那么它可以加修饰符g，代表全局替换；否则，它只替换第一个匹配的字符串。

replacement 既可以是字符串，也可以是函数。如果它是字符串，那么匹配的内容将与字符串替换。replacement中的$有具体的含义，$1,$2,$3,…,$99是指regexp中的第1～99个子表达式相匹配的文本。

$& 的含义是与RegExp相匹配的子字符串。

lastMatch或RegExp["$_"]的含义是返回任何正则表达式搜索过程中最后匹配的字符。

lastParen或 RegExp["$+"]的含义是返回任何正则表达式查找过程中最后括号的子匹配。

leftContext或RegExp["$`"]的含义是：返回被查找的字符串从字符串开始的位置到最后匹配之前的位置之间的字符。

rightContext或RegExp["$`"]的含义是：返回被搜索的字符串中从最后一个匹配位置开始到字符串结尾之间的字符。

例如：

```
document.write(s4); //"yunxi,longen"
var str='123-mm';
var strReg=str.replace(/(\d+)-([A-Za-z]+)/g,'$2');  //$2 表示正则表达式中第二组各表达式匹配到的内容，也就是说 $1,$2... 表示的是第几个字表达式匹配到的内容
document.write(strReg)//mm
// $& 是与 RegExp 相匹配的子字符串
var name="hello I am a chinese people";
var regexp=/am/g;
if(regexp.test(name)) {
//返回正则表达式匹配项的字符串
document.write(RegExp['$&']); // am

//返回被搜索的字符串中从最后一个匹配位置开始到字符串结尾之间的字符
document.write(RegExp["$'"]); // a chinese people
```

```
//返回被查找的字符串从字符串开始的位置到最后匹配之前的位置之间的字符
document.write(RegExp['$`']); // hello I

// 返回任何正则表达式查找过程中最后括号的子匹配
document.write(RegExp['$+']); // 空字符串

//返回任何正则表达式搜索过程中的最后匹配的字符
document.write(RegExp['$_']); // hello I am a chinese people
}
```

（4）split()方法。

split()方法用于把一个字符串分割成字符串数组。

语法：

```
stringObject.split(separator,howmany)
```

返回值：一个字符串数组。该数组是通过在separator指定的边界处将字符串stringObject分割成子串创建的。返回的数组中的字串不包括separator自身。但是，如果separator是包含子表达式的正则表达式，那么返回的数组中包括与这些子表达式匹配的字串（但不包括与整个正则表达式匹配的文本）。

2．RegExp对象方法

RegExp对象方法如表10-2所示。

表10-2 RegExp对象方法

方 法	解 释
test	检索字符串中指定的值，返回 true 或 false
exec	检索字符中是正则表达式的匹配，返回找到的值，并确定其位置

（1）test()方法。

作用：该方法用于检测一个字符串是否匹配某个模式。

基本语法：

```
RegExpObject.test(str);
```

返回：若匹配则返回true，否则返回false；

例如：

```
var str="longen and yunxi";
document.write(/longen/.test(str));      //true
document.write(/longlong/.test(str));    //false

// 或者创建 RegExp 对象模式
var regexp=new RegExp("longen");
document.write(regexp.test(str));        //true
```

（2）exec()方法。

作用：该方法用于检索字符串中正则表达式的匹配。

基本语法：

```
RegExpObject.exec(string)
```

返回值：返回一个数组，存放匹配的结果，如果未找到匹配，则返回值为null。

注意点：该返回的数组的第一个元素是与正则表达式相匹配的文本。

该方法还返回两个属性，index属性声明的是匹配文本的第一个字符的位置；input属性存放的是被检索的字符串string。该方法如果不是全局，则返回的数组与match()方法返回的数组是相同的。

例如：

```
var str="longen and yunxi";
document.write(/longen/.exec(str));
// 打印 ["longen", index: 0, input: "longen and yunxi"]
// 假如没有找到，则返回 null
document.write(/wo/.exec(str)); // null
```

10.2.3 正则表达式符号

正则表达式元数据主要有以下几类。

1. 常用符号

常用符号如表10-3所示。

表10-3 常用符号

符 号	描 述
/…/	代表一个模式的开始和结束
^	匹配字符串的开始
$	匹配字符串的结束
\s	任何空白字符
\S	任何非空白字符
\d	匹配一个数字字符，等价于 [0-9]
\D	除了数字之外的任何字符，等价于 [^0-9]
\w	匹配一个数字、下画线或字母字符，等价于 [A-Za-z0-9_]
.	除了换行符之外的任意字符

常用的几个符号可以简单记为下面的几个意思：

\s：空格；

\S：非空格；

\d：数字；

\D：非数字；

\w：字符（字母、数字、下画线_）；

\W：非字符例子：是否有不是数字的字符。

2. 正则表达式重复字符

正则表达式表示重复次数的符号如表10-4所示。

表10-4 表示重复次数的符号

符 号	描 述
+	匹配一次或多次，相当于 {1,}

续表

符　号	描　述
*	匹配零次或多次，相当于 {0,}
?	匹配零次或一次，相当于 {0,1}
{n}	匹配 n 次
{n,m}	匹配至少 n 个，最多 m 个某某的字符串

3. 字符范围符号

字符范围符号如表10-5所示。

表10-5　字符范围符号

符　号	描　述
[0-9]	匹配 0 ~ 9 间的字符
[a-zA-Z]	匹配任意字母
[^0-9]	不等于 0 ~ 9 的其他字符

【示例10-1】 任意输入一个电话号码，判断是否是苏州的电话号码，界面如图10-1所示。

分析：

（1）苏州市的号码前5位必定是”0512-”。

（2）苏州市的号码后8位中，第一位必须是[1-9]。

（3）苏州市的号码后8位中，除第一位外必须是[0-9]，用\d表示[0-9]。

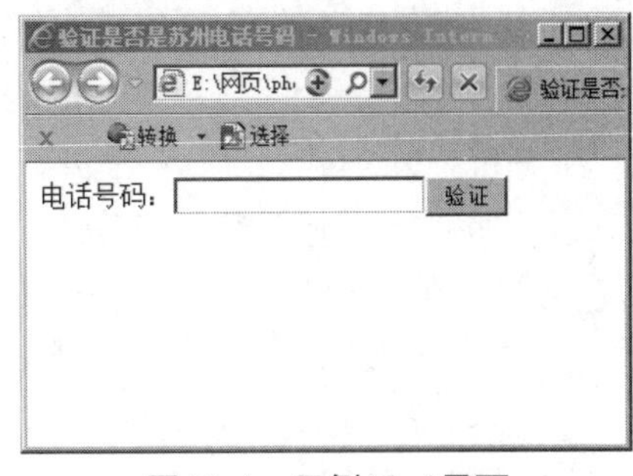

图10-1　示例10-1界面

因此得出

```
var phoneTest=/^0512-[1-9]\d{7}$/;
```

程序代码如下：

```
<html>
<head>
<meta http-equiv="Content-Type"content="text/html; charset=utf-8"/>
<title>验证是否是苏州电话号码</title>
<script language="javascript">
    function checkPhone(){
        var phoneTest=/^0512-[1-9]\d{7}$/;
        var phone=document.getElementById("phone").value;
        if(phoneTest.test(phone))
            alert("是苏州号码");
        else
            alert("不是苏州电话号码");


    }
</script>
</head>
<body>
电话号码：<input type="text" name="phone" id="phone"/><input type="button"
```

```
value=" 验证 "  onclick="checkPhone()"/>

  </body>
  </html>
```

【示例10–2】携程网的新用户注册页面如图10-2所示，现对邮编和电话进行正则表达式验证。

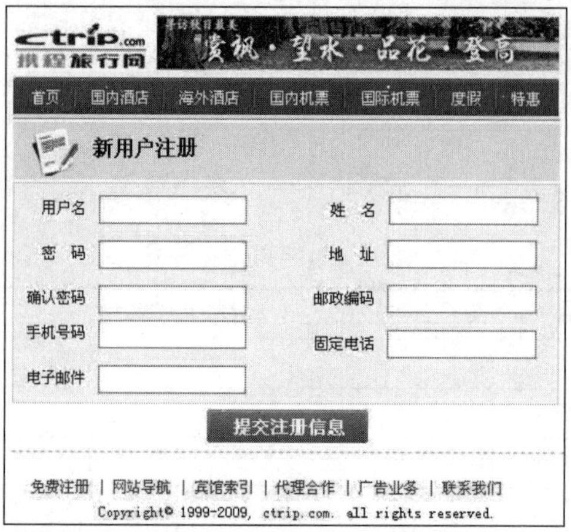

图10–2 携程网注册页面

分析：

（1）中国的邮政编码都是6位。

（2）手机号码都是11位，并且第1位都是1。

（3）邮政编码和手机号码的验证的正则表达式。

```
var regCode=/^\d{6}$/;
var regMobile=/^1\d{10}$/;
```

程序JavaScript代码如下：

```
<script type="text/javascript">
function checkCode(){
   var code=document.getElementById("code").value;
   var codeId=document.getElementById("code_prompt");
   var regCode=/^\d{6}$/;
   if(regCode.test(code)==false){
      codeId.innerHTML=" 邮政编码不正确，请重新输入 ";
      return false;
   }
   codeId.innerHTML="";
   return true;s
}
function checkMobile(){
   var mobile=document.getElementById("mobile").value;
   var mobileId=document.getElementById("mobile_prompt");
   var regMobile=/^1\d{10}$/;
   if(regMobile.test(mobile)==false){
      mobileId.innerHTML=" 手机号码不正确，请重新输入 ";
      return false;
   }
   mobileId.innerHTML="";
```

```
    return true;
}
</script>
```

【示例10−3】 验证年龄是否在1～120岁之间，界面如图10-3所示。

分析：

（1）10～99这个范围都是两位数，十位是1～9，个位是0～9，正则表达式为[1-9]\d。

（2）0～9这个范围是一位，正则表达式为\d。

（3）100～119这个范围是三位数，百位是1，十位是0、1，个位是0～9，正则表达式为1[0-1]\d。

图10-3　验证年龄界面

（4）根据以上可知，所有年龄的个位都是0、9，当百位是1时十位是0、1，当年龄为两位数时十位是1～9，因此0～119这个范围的正则表达式为(1[0-1]|[1-9])?\d。

（5）年龄120是单独的一种情况，需要单独列出来。

程序JavaScript代码如下：

```
<script type="text/javascript">
function checkAge(){
    var age=document.getElementById("age").value;
    var ageId=document.getElementById("age_prompt");
    var regAge=/^120$|^((1[0-1]|[1-9])?\d)$/m;
    //var regAge=/^[0-120]$/;
    if(regAge.test(age)==false){
        age_prompt.innerHTML="年龄不正确，请重新输入";
        return false;
    }
    age_prompt.innerHTML="";
    return true;
}
</script>
```

10.3　表 单 验 证

B/S软件主要实现客户端与服务器端的交互过程，如图10-4所示。在交互过程中，为保证数据的准确性和可靠性，需要进行表单验证。

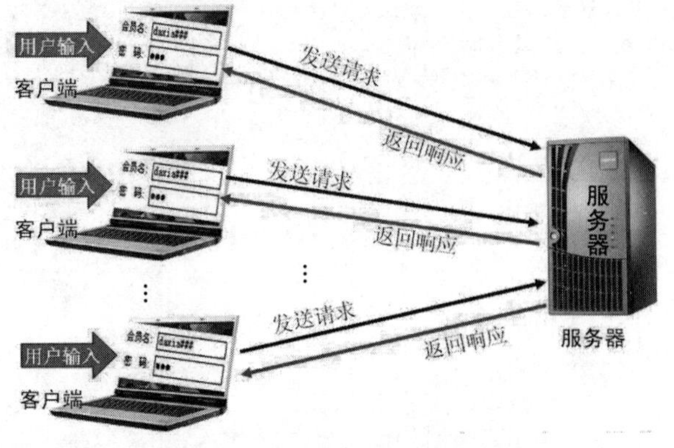

图10-4　客户端与服务器端交互

表单验证是JavaScript的核心，在项目开发过程中用来保证数据的准确性和可靠性。

它的主要作用包括两方面：

（1）减轻服务器的压力，把一些简单的由原来服务器验证的错误交给客户端，以减轻服务器的压力。

（2）保证客户端输入数据的合法性，以减少客户的重复输入。

常用的验证主要包含以下几个方面：

（1）日期是否有效或日期格式是否正确。

（2）表单元素是否为空。

（3）用户名和密码是否正确。

（4）E-mail地址是否正确。

（5）身份证号等是否是数字。

【示例10-4】 现有休闲网登录界面，如图10-5所示，要求密码在6～10位之间，且首字符是字母，其余字符为数字、字母、下画线。编写一个规则验证登录数据的合法性。

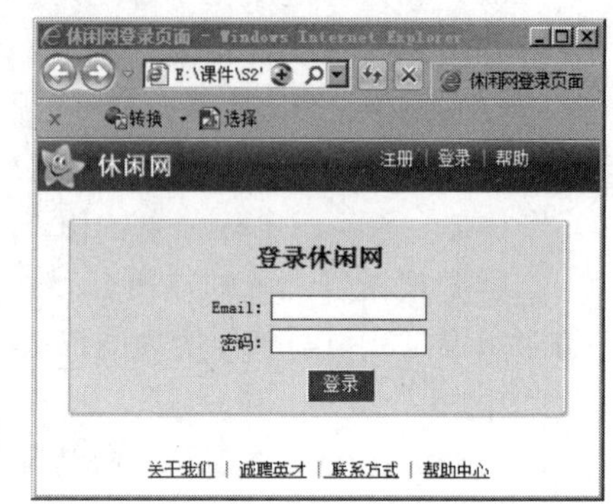

图10-5　休闲网登录界面

分析：

（1）邮件的规则：首先，@前至少有一个以上字母，其余的可以是数字、字母、下画线，即[a-zA-Z]\w{0,}；其次，@后面与点前至少1～10个字，即\w{1,10},然后是点（.），因为点在正则表达式中有特殊含义，所以要用“\.”表示点；最后，点后有至少一个字母、数字或下画线，因此正则表达式为var emailTest=/^[a-zA-Z]\w{0,}@\w{1,10}\.\w{1,}$/。

（2）密码首字符必须大写字母[A-Z]，因为密码必须6～10位且为数字、字母、下画线，则\w{5,9},因此 var pwdTest=/^[A-Z]\w{5,9}$/。

程序代码如下：

```
<!DOCTYPE html PUBLIC"-//W3C//DTD XHTML 1.0 Transitional//EN""http://
www.w3.org/TR/xhtml1/DTD/xhtml1-transitional.dtd">
<html xmlns="http://www.w3.org/1999/xhtml">
<head>
<meta http-equiv="Content-Type"content="text/html; charset=gb2312"/>
<title>休闲网登录页面</title>
<link href="login.css"rel="stylesheet"type="text/css">
<script type="text/javascript">
function check(){
   var emailTest=/^[a-zA-Z]\w{0,}@\w{1,10}\.\w{1,}$/;
   var mail=document.getElementById("email").value;
   var pwd=document.getElementById("pwd").value;
   if(emailTest.test(mail)==false){//检测Email是否为空
        alert("Email不合法");
        return false;
   }
   var pwdTest=/^[A-Z]\w{5,9}$/;
   if(pwdTest.test(pwd)==false){
       alert("密码不合法");
       return false;
   }

       return true;
}
</script>
```

```
</head>

<body>
<div id="header"class="main">
  <div id="headerLeft"><img src="images/logo.gif"/></div>
  <div id="headerRight">注册 | 登录 | 帮助</div>
</div>
<div  class="main">
<table id="center"border="0"cellspacing="0"cellpadding="0">
    <tr>
    <td><img src="images/dl_l_t.gif"/></td></tr>
  <tr>
    <td class="bg"><table width="100%"border="0"cellspacing="0"cellpadding="0">
    <tr>
    <td class="bold">登录休闲网</td>
  </tr>
  <form action="success.html"method="post"name="myform"onsubmit="return
check()"><tr>
    <td>Email: <input id="email" type="text"  class="inputs"/></td>
  </tr>
  <tr>
    <td> 密码: <input id="pwd" type="password"   class="inputs"/></td>
  </tr>
  <tr>
    <td style="height:35px; padding-left:30px;"><input name="btn" type=
"submit"value="登录"class="rb1" /></td>
  </tr></form>
</table>
</td>
  </tr>
  <tr>
    <td><img src="images/dl_l_b.gif"width"362"height="5"/></td></tr>
</table>
</div>
<div id="footer"class="main"><a href="#">关于我们</a> | <a href="#">
诚聘英才</a> |<a href="#"> 联系方式</a>  | <a href="#">帮助中心</a></div>
</body>
</html>
```

【示例10-5】现有QQ注册页面如图10-6所示，注册信息的要求已写在注册页面后面，现需要把带“*”的规则验证写在验证函数checkRegister()中。

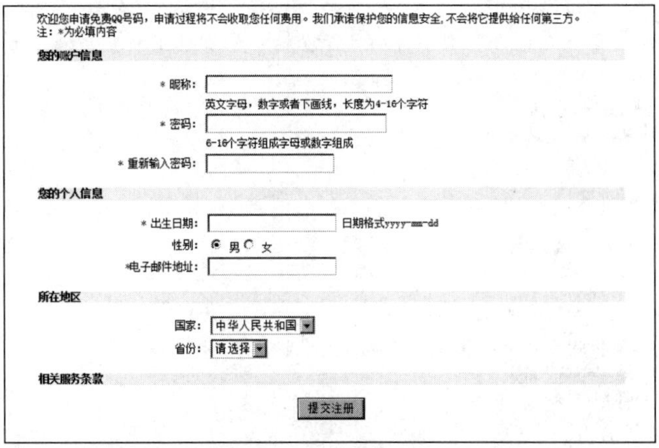

图10-6　QQ注册页面

分析：

（1）昵称是英文字母、数字或者下画线，长度为4～16个字符，则正则表达式为var nicknameTest=/^\w{4,16}$/。

（2）密码6～16个字符（字母或数字），正则表达式为var pwdTest=/^[a-zA-Z0-9]{6,16}$/。

（3）出生日期的正则表达式为var birdthTest=/^[1-3]\d{3}-0[1-9]|1[0-2]-(([0-2][1-9])|(3[0-1]))$/。

（4）电子邮件正则表达式为var emailTest=/^[a-zA-Z]\w{0,}@\w{1,10}\.\w{1,}$/。

JavaScript代码如下：

方式1：用字符串对象验证。

```
<script type="text/javascript">
function checkForm(){
  if(checkUserName()&&checkPass()&&checkBirth()&&checkEmail()){
      return true;
  }else{
      return false;
  }
}
//用户名非空+长度+合法性验证
function checkUserName(){
var nicknameTest=/^\w{4,16}$/;
  var name=document.getElementById("txtUser").value;
  if(name.value==""){
      alert("请输入用户名");
      name.focus();
      return false;
  }
  if(name.value.length<4||name.value.length>16){
      alert("用户名输入的长度4-16个字符");
      name.select();
      return false;
  }
  for(var i=0;i<name.value.length;i++){
        var charTest=name.value.toLowerCase().charAt(i);
        if( (!(charTest>='0'&& charTest<='9')) &&  (!(charTest>='a'&&
charTest<='z'))  && (charTest!='_') ){
          alert("用户名包含非法字符，只能包括字母，数字和下画线");
          name.select();
          return false;
          }
    }
    return true;
}
//密码非空+长度+密码确认验证
function checkPass(){
  var pass=document.getElementById("txtPass");
  var rpass=document.getElementById("txtrPass");
  if(pass.value==""){
      alert("密码不能为空");
      pass.focus();
      return false;
```

```
    }if(pass.value.length<6||pass.value.length>16){
        alert(" 密码长度为 6-16 个字符 ");
        pass.select();
        return false;
    }
    if(rpass.value!=pass.value){
        alert(" 确认密码与密码输入不一致 ");
        rpass.select();
        return false;
    }
    return true;
}
// 出生日期验证
function checkBirth(){
var birth=document.getElementById("txtBirth").value;
    if(birth==""){
        alert(" 请填写出生日期 ");
        return false;
    }else if(birth.length<10){
        alert(" 出生日期格式错误 ");
        return false;
    }else{
    // 截取字符串分别获得年月日
        var year=birth.substring(0,4);
        var month=birth.substring(5,7);
        var day=birth.substring(8,birth.length);
        if(birth.charAt(4)!="-"||birth.charAt(7)!="-"){  // 判断日期是否符合格式要求
            alert(" 出生日期格式 yyyy-mm-dd");
            document.getElementById("txtBirth").select();
            return false;
        }else if(isNaN(year)||isNaN(month)||isNaN(day)){
            alert(" 年月日必须是数字 ");
            document.getElementById("txtBirth").select();
            return false;
        }
        var time=new Date();
        if(parseInt(year,10)<1900||parseInt(year,10)>time.getFullYear()){
            alert(" 出生日期范围从 1900 年 -"+time.getFullYear()+" 年 ");
            document.getElementById("txtBirth").select();
            return false;
        }else if(parseInt(month,10)<1||parseInt(month,10)>12){
            alert(" 您输入的月份不在 1-12 月之间 ");
            document.getElementById("txtBirth").select();
            return false;
        }else if(parseInt(day,10)<1||parseInt(day,10)>31){
            alert(" 您输入的天数不在 1-31 之间 ");
            document.getElementById("txtBirth").select();
            return false;
        }
    }
    return true;
}
// 电子邮件验证
function checkEmail(){
    var strEmail=document.getElementById("txtEmail");
```

```
    if (strEmail.value.length==0)
    {
       alert("电子邮件不能为空！");
       strEmail.focus();
       return false;
    }
    if(strEmail.value.indexOf("@",0)==-1)
    {
       alert("电子邮件格式不正确\n必须包含@符号！");
       strEmail.select();
       return false;
    }
    if(strEmail.value.indexOf(".",0)==-1)
    {
       alert(电子邮件格式不正确\n必须包含.符号！");
       strEmail.select();
       return false;
    }
    return false;
}
</script>
```

方式2：用正则表达式解决。

```
function checkForm(){
   if(checkUserName()&&checkPass()&&checkBirth()&&checkEmail()){
       return true;
   }else{
       return false;
   }
}
//用户名非空+长度+合法性验证
function checkUserName(){
 var nicknameTest=/^\w{4,16}$/;
 var name=document.getElementById("txtUser").value;
 if(nicknameTest.test(name)==false){
     alert("请输入合法的用户名");
     return false;
 }

   return true;
}

function checkPass(){
 var pwdTest=/^[a-zA-Z0-9]{6,16}$/;
 var pass=document.getElementById("txtPass").value;
 var rpass=document.getElementById("txtrPass");
 if(pwdTest.test(pass)==false){
     alert("密码不合法");
     return false;
 }
 return true;
}
function checkRepass(){

 var pass=document.getElementById("txtPass").value;
```

```
    var rpass=document.getElementById("txtrPass").value;
    if(pass!=rpass){
        alert("密码和确认密码不一致");
        return false;
    }
    return true;
}
//出生日期验证
function checkBirth(){
    var birdthTest=/^[1-3]\d{3}-0[1-9]|1[0-2]-(([0-2][1-9])|(3[0-1]))$/;
    var birth=document.getElementById("txtBirth").value;
    if(birdthTest.test(birth)){
            alert("您输入日期不合法");
            return false;
        }
    return true;
}
//电子邮件验证
function checkEmail(){
    var emailTest=/^[a-zA-Z]\w{0,}@\w{1,10}\.\w{1,}$/;
    var strEmail=document.getElementById("txtEmail").value;
        if(emailTest.test(strEmail)==false)
    {
        alert("电子邮件格式不正确");
            return false;
    }
    return false;
}
</script>
```

10.4 Try...Catch 语句

当在网上冲浪时，有时会看到带有runtime错误的JavaScript警告框，同时会询问“是否进行debug”。这样的错误信息或许对开发人员有用，对用户来说，调试是不必要的，用户只需要知道是什么错误。因此当错误发生时，需要开发人员编写错误处理程序，在遇到错误时直接弹出错误原因。

开发人员编写捕获错误处理程序时，可以通过以下两种方式在网页中捕获错误：

（1）使用 try...catch 语句。(在 IE5+、Mozilla 1.0和Netscape 6中可用)

（2）使用 onerror 事件。这是用于捕获错误的老式方法。（Netscape 3 以后的版本可用）

try...catch 可以测试代码中的错误。try 部分包含需要运行的代码，catch 部分包含错误发生时运行的代码。

语法：

```
try
{
    //在此运行代码
}
catch(err)
{
    //在此处理错误
}
```

注意：

try...catch 使用小写字母。大写字母会出错。

【示例10-6】下面的例子原本用在用户单击按钮时显示 "Welcome guest!" 这个消息。不过 message() 函数中的 alert() 被误写为 adddlert()，这时错误发生。

```
<html>
<head>
<script type="text/javascript">
function message()
{
   adddlert("Welcome guest!")
}
</script>
</head>

<body>
<input type="button" value="View message" onclick="message()" />
</body>

</html>
```

可以添加 try...catch 语句，这样当错误发生时可以采取适当的措施。

下面的例子用 try...catch 语句重新修改了脚本。由于误写了 alert()，所以错误发生了。不过这一次，catch 部分捕获到了错误，并用一段准备好的代码来处理这个错误。这段代码会显示一个自定义的出错信息来告知用户所发生的事情。

```
<html>
<head>
<script type="text/javascript">
var txt=""
function message()
{
  try
  {
     adddlert("Welcome guest!")
  }
  catch(err)
  {
     txt="此页面存在一个错误。\n\n"
     txt+="错误描述：" + err.description + "\n\n"
     txt+="点击 OK 继续。\n\n"
     alert(txt)
  }
}
</script>
</head>

<body>
<input type="button" value="View message" onclick="message()" />
</body>

</html>
```

10.5　实例：通过正则表达式实现表单验证

10.5.1　学习目标

（1）掌握正则表达式的创建。

（2）掌握表单验证的规则。

10.5.2　实例介绍

本实例实现soho联名信用卡申请信息的验证。任务实现的结果如图10-7所示。

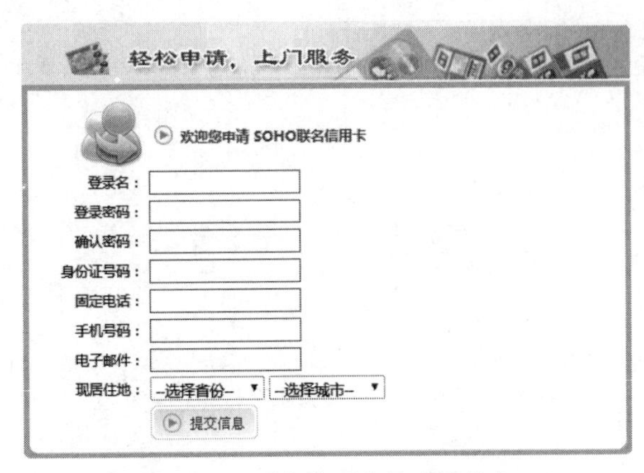

图10-7　联名信用卡的申请信息

本实例的重点是通过正则表达式实现数据合法性验证。

本实例中对样式的设置采用了多个样式文件，每个样式文件负责某个方面样式，再通过“@import url(样式文件);”将多个样式文件导入一个样式文件中。

10.5.3　实施过程

1. 网页界面数据结构的建立

本任务的HTML页面结构代码如下：

```
<!DOCTYPE html PUBLIC "-//W3C//DTD XHTML 1.0 Transitional//EN" "http://
www.w3.org/TR/xhtml1/DTD/xhtml1-transitional.dtd">
<html xmlns="http://www.w3.org/1999/xhtml">
<head>
<meta http-equiv="Content-Type" content="text/html; charset=gb2312" />
<title>使用正则表达式验证表单</title>
<style type="text/css">

</style>
<script type="text/javascript">

</script>
</head>

<body>
<table  class="main" border="0" cellspacing="0" cellpadding="0">
```

```
    <tr>
      <td><img src="images/top.gif"/></td>
    </tr>
    <form action="success.html" method="post" name="myform">
    <tr>
      <td class="center"><table width="100%" border="0" cellspacing="0"
cellpadding="0">
    <tr>
      <td class="left"><img src="images/pic001.gif" /></td>
      <td class="red"><img src="images/pic002.gif" style="vertical-align:
bottom;"/>  欢迎您申请 SOHO联名信用卡 </td>
    </tr>
    <tr>
      <td class="left">登录名：</td>
      <td><input id="loginName" type="text" class="inputs" onblur= "checkLoginName()"
/><div id="login_prompt" class="prompt"></div></td>
    </tr>
     <tr>
      <td class="left">登录密码：</td>
      <td><input id="pwd" type="password"  class="inputs" /><div id="pwd_prompt"
class="prompt"></div></td>
    </tr>
    <tr>
      <td class="left">确认密码：</td>
      <td><input id="repwd" type="password"  class="inputs" /><div id=
"repwd_prompt" class="prompt"></div></td>
    </tr>
    <tr>
      <td class="left">身份证号码：</td>
      <td><input id="mycard" type="text" class="inputs" onblur="checkMycard()"
/><div id="mycard_prompt" class="prompt"></div></td>
    </tr>
    <tr>
      <td class="left">固定电话：</td>
      <td><input id="photo" type="text" class="inputs" onblur="checkPhoto()"
/><div id="photo_prompt" class="prompt"></div></td>
    </tr>
    <tr>
      <td class="left">手机号码：</td>
      <td><input id="mobile" type="text" class="inputs" /><div id="mobile_prompt"
class="prompt"></div></td>
    </tr>
    <tr>
      <td class="left">电子邮件：</td>
      <td><input id="email" type="text" class="inputs" onblur="checkEmail()" />
<div id="email_prompt" class="prompt"></div></td>
    </tr>
    <tr>
      <td class="left">现居住地：</td>
      <td> <select  id="selProvince" onchange="changeCity( )" style="width:100px">
          <option>--选择省份--</option>
        </select>
        <select  id="selCity"  style="width:100px">
              <option>--选择城市--</option></select></td>
    </tr>
```

```
    <tr>
      <td class="left"> </td>
      <td><input id="btn" type="image" src="images/pic-sb.jpg" /></td>
    </tr>
  </table>
  </td>
    </tr>
    </form>
    <tr>
      <td><img src="images/bottom.jpg"/></td>
    </tr>
  </table>
  <script type="text/javascript">
  var cityList=new Array();
        cityList['北京市'] = ['北京市','朝阳区','东城区','西城区', '海淀区',
'宣武区','丰台区','怀柔区','延庆区','房山区'];
    cityList['上海市'] = ['上海市','宝山区','长宁区','丰贤区', '虹口区',
'黄浦区','青浦区','南汇区','徐汇区','卢湾区'];
    cityList['广州省'] = ['广州省','广州市','惠州市','汕头市','珠海市','佛山市',
'中山市','东莞市'];
       cityList['深圳市'] = ['深圳市','福田区', '罗湖区', '盐田区', '宝安区',
'龙岗区', '南山区', '深圳周边'];
    cityList['重庆市'] =['重庆市','俞中区', '南岸区', '江北区', '沙坪坝区',
 '九龙坡区', '渝北区', '大渡口区', '北碚区'];
       cityList['天津市'] = ['天津市','和平区', '河西区', '南开区', '河北区',
 '河东区', '红桥区', '塘沽区', '开发区'];
    cityList['江苏省'] = ['江苏省','南京市','苏州市','无锡市'];
    cityList['浙江省'] = ['浙江省','杭州市','宁波市','温州市'];
    cityList['四川省'] = ['四川省','成都市'];
    cityList['海南省'] = ['海南省','海口市'];
   cityList['福建省'] = ['福建省','福州市','厦门市','泉州市','漳州市'];
    cityList['山东省'] = ['山东省','济南市','青岛市','烟台市'];
    cityList['江西省'] = ['江西省','南昌市'];
    cityList['广西'] = ['广西','南宁市'];
    cityList['安徽省'] = ['安徽省','合肥市'];
    cityList['河北省'] = ['河北省','石家庄市'];
    cityList['河南省'] = ['河南省','郑州市'];
    cityList['湖北省'] = ['湖北省','武汉市','宜昌市'];
    cityList['湖南省'] = ['湖南省','长沙市'];
    cityList['陕西省'] = ['陕西省','西安市'];
    cityList['山西省'] = ['山西省','太原市'];
    cityList['黑龙江省'] = ['黑龙江省','哈尔滨市'];
    cityList['国外'] = ['国外'];
    cityList['其他'] = ['其他'];

    function changeCity(){
       var province=document.getElementById("selProvince").value;
    var city=document.getElementById("selCity");
    city.options.length=0; //清除当前city中的选项
    for(var i in cityList){
           if(i==province){
                  for(var j in cityList[i]){
                     city.add(new Option(cityList[i][j],cityList[i][j]),null);
                  }
              }
```

```
        }
    }
    function allCity(){
     var province=document.getElementById("selProvince");
     for (var i in cityList){
     province.add(new Option(i, i),null);
     }
    }
    window.onload=allCity;
  </script>
  </body>
  </html>
```

运行代码，页面浏览效果如图10-8 所示。

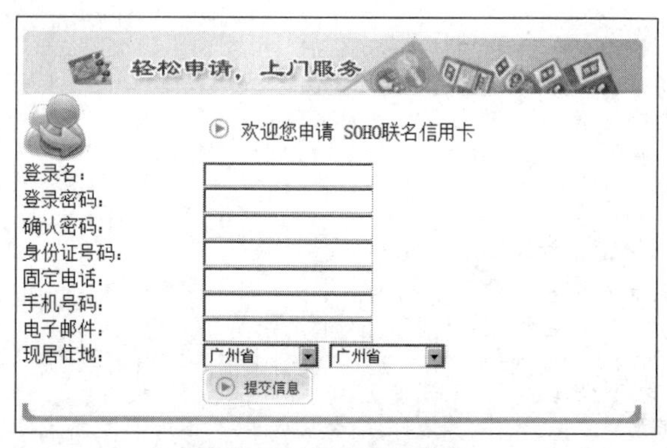

图10-8 美化前的表格

2. 样式文件的建立

对样式的设置内嵌样式，内容如下：

```
<style type="text/css">
body{
  margin:0;
  padding:0;
  font-size:12px;
  line-height:20px;
}
.main{
  width:528px;
  margin-left:auto;
  margin-right:auto;
}
.center{
  border:solid 5px #ffa3ba;
  border-bottom:0;
  padding-top:10px;
}
.left{
  text-align:right;
  width:100px;
  height:25px;
  padding-right:5px;
}
```

```
.red{
  color:#cc0000;
  font-weight:bold;
}
.inputs{
  width:130px;
  height:16px;
  border:solid 1px #666666;
  float:left;
  margin-right:5px;
}
.prompt{
  margin-left:10px;
  color:#F00;
}
</style>
```

3. 事件处理文件的建立

编写验证规则代码:

```
<script type="text/javascript">
/*验证登录名*/
function checkLoginName(){
  var loginName=document.getElementById("loginName").value;
  var LoginNameId=document.getElementById("login_prompt");
  LoginNameId.innerHTML="";
  var regLoginName=/^[\u4e00-\u9fa5\w]+$/;
  if(regLoginName.test(loginName)==false){
  LoginNameId.innerHTML="登录名只能是中文字符、英文字母、数字及下画线";
 return false;
 }
 return true;
}

/*验证身份证号码*/
function checkMycard(){
  var mycard=document.getElementById("mycard").value;
  var mycardId=document.getElementById("mycard_prompt");
  mycardId.innerHTML="";
  var regMycard=/^\d{15}$|^\d{18}$/;
  if(regMycard.test(mycard)==false){
    mycardId.innerHTML="身份证号码只能由15或18位的数字组成";
    return false;
 }
   return true;
 }

/*验证固定电话*/
function checkPhoto(){
  var photo=document.getElementById("photo").value;
  var photo_prompt=document.getElementById("photo_prompt");
  photo_prompt.innerHTML="";
  var reg=/^\d{3,4}-\d{7,8}$/;
  if(reg.test(photo)==false){
  photo_prompt.innerHTML="固定电话不正确，例如010-54845216";
  return false;
```

```
  }
  return true;
 }

/*验证邮箱*/
function checkEmail(){
  var email=document.getElementById("email").value;
  var email_prompt=document.getElementById("email_prompt");
  email_prompt.innerHTML="";
  var reg=/^\w+@\w+(\.[a-zA-Z]{2,3}){1,2}$/;
  if(reg.test(email)==false){
   email_prompt.innerHTML="Email格式不正确，例如web@126.com";
   return false;
  }
  return true;
}

</script>
```

10.5.4 实例拓展

做一个垂直向上的滚动特效，界面如图10-9所示。

图10-9 垂直向上滚动效果

实现思路：建立三个层dome、dome1、dome2；垂直滚动的文字在dome1上；通过层的滚动来实现文字滚动。

源代码如下：

```
<html>
<head>
<title>循环向上滚动的文字</title>
<link href="css/scrollTop.css" rel="stylesheet" type="text/css" />
</head>
<body>
<div class="domes">
<div class="dome_top">近7日畅销榜</div>
<div id="dome">
<div id="dome1">
```

```
<table width="100%" border="0" cellspacing="0" cellpadding="0">
<tr>
<td><img src="images/scrollTop_1.jpg" alt="scroll" /></td>
<td><div class="title">社交疯狂项语</div>
<font class="price">￥57.00</font> 折扣：52折</td>
</tr>
<tr>
<td><img src="images/scrollTop_2.jpg" alt="scroll" /> </td>
<td><div class="title">傲慢与偏见</div>
<font class="price">￥20.00</font> 折扣：25折</td>
</tr>
<tr>
<td><img src="images/scrollTop_3.jpg" alt="scroll" /></td>
<td><div class="title">玻璃鞋全集（50集34VCD）</div>
主演：金贤珠 金芝荷
<font class="price">￥300.00</font> 折扣：52折</td>
</tr>
<tr>
<td><img src="images/scrollTop_4.jpg" alt="scroll" /></td>
<td><div class="title">澳大利亚：假日之旅</div>
<font class="price">￥53.00</font> 折扣：51折</td>
</tr>
<tr>
<td><img src="images/scrollTop_5.jpg" alt="scroll" /> </td>
<td><div class="title">浪漫地中海：假日之旅</div>
<font class="price">&yen;80.00</font> 折扣：52折</td>
</tr>
<tr>
<td><img src="images/scrollTop_6.jpg" alt="scroll" /></td>
<td><div class="title">老人与海</div>
<font class="price">&yen;57.00</font> 折扣：52折</td>
</tr>
<tr>
<td><img src="images/scrollTop_7.jpg" alt="scroll" /></td>
<td><div class="title">欧陆风情：假日之旅</div>
<font class="price">&yen;53.00</font> 折扣：52折</td>
</tr>
</table>
</div>
<div id="dome2"></div>
</div>
</div>
<script src="js/scrollTop.js" type="text/javascript"></script>
</body>
</html>
```

设置id为dome的层的div源代码：

```
#dome{
  overflow:hidden; /*溢出的部分不显示*/
  height:180px;
  padding:5px;
}
```

实现循环向上滚动的JavaScript代码：

```
function $(element){
```

```
    return document.getElementById(element);
  }
  var dome=$("dome");
  var dome1=$("dome1");
  var dome2=$("dome2");
  var speed=50; //设置向上滚动速度
  dome2.innerHTML=dome1.innerHTML //复制dome1为dome2
  function moveTop(){
    if(dome2.offsetTop-dome.scrollTop<=0) //当滚动至dome1与dome2交界时
      dome.scrollTop-=dome1.offsetHeight //dome跳到最顶端
    else{
      dome.scrollTop++
    }
  }
  var MyMar=setInterval(moveTop,speed) //设置定时器
  dome.onmouseover=function() {clearInterval(MyMar)} //鼠标移上时清除定时器达
到滚动停止的目的
  dome.onmouseout=function() {MyMar=setInterval(moveTop,speed)} //鼠标移开时
  重设定时器，继续滚动
```

习　题

1. String对象的方法不包括（　　）。

A. charAt()　　B. substring()

C. toUpperCase()　　D. length()

2. 下列正则表达式中（　　）可以匹配首位是小写字母、其他位数是小写字母或数字的最少两位的字符串。

A. /^\w{2,}$/　　B. /^[a-z][a-z0-9]+$/

C. /^[a-z0-9]+$/　　D. /^[a-z]\d+$

3. 下面正则表达式中（　　）能正确验证身份证号（份证号码由15位或18位数字组成）。

A. var regMycard=/^\d{15}$|^\d{18}$/;;

B. var regMycard=/^\d{15}|\d{18}$/;

C. var regMycard=/^\d{15,18}$/;

D. var regMycard=/^\[0-9]{15}$|^\[0-9]{18}$/;

4. 某页面中有一个id为main的div，div中有两个图片及一个文本框，下列（　　）能够完整地复制节点main及div中所有内容。

A. document.getElementById("main").cloneNode(true);

B. document.getElementById("main").cloneNode(false);

C. document.getElementById("main").cloneNode();

D. main.cloneNode();

第 11 章　JavaScript综合应用实例

11.1　实例1：下拉菜单的设计

11.1.1　学习目标

（1）掌握HTML、CSS与JavaScript的综合使用。

（2）掌握DIV+CSS的布局技巧。

11.1.2　实例介绍

本实例需要完成的下拉菜单的结构如表11-1所示。

表11-1　下拉菜单的结构

一级菜单	首　　页	专业建设	师资队伍	教学条件	改革建设
二级菜单		建设目标	负责人	经费投入	课程改革
		建设思路	队伍结构	实践教学	教材改革
		培养方案	任课教师	教材改革	
			教学管理		
			合作办学		

本实例的下拉菜单效果如图11-1所示。

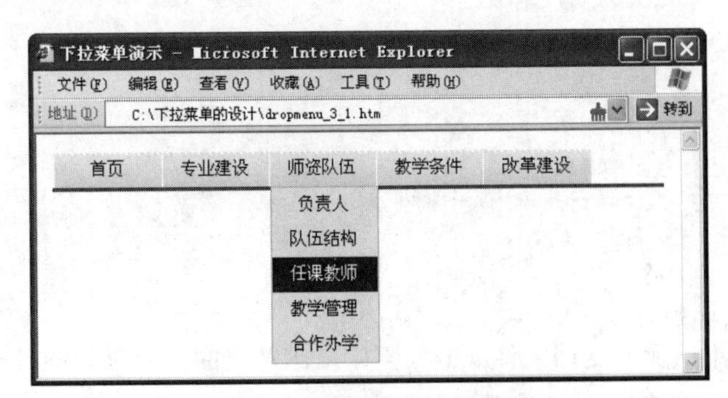

图11-1　下拉菜单页面效果

本实例的设计思路：

（1）使用HTML标签构建下拉菜单所需的树形结构数据。

（2）从上到下，分步定义不同层次HTML标签CSS的样式实现HTML标签的布局与美化。这一步基本上实现了下拉菜单。

（3）编写JavaScript脚本，动态设置HTML标签CSS的样式。

11.1.3 实施过程

1. 下拉菜单的HTML结构

开始已经介绍，下拉菜单是由具有树形结构的数据构成的，本实例使用两个不同级别的列表标签实现下拉菜单的数据存储，列表项的内容（innerHTML属性）是超链接。使用HTML对象ui、li的嵌套来组织菜单数据，使用CSS来布局和美化HTML对象，编写JavaScript鼠标事件脚本动态设置菜单样式。

按下拉菜单的HTML列表结构定义如下：

```
<ul>
    <li><a>首页</a>
    </li>
    <li><a>专业建设</a>
        <ul>
            <li><a>建设目标</a></li>
            <li><a>建设思路</a></li>
            <li><a>培养方案</a></li>
        </ul>
    </li>
    <li><a>师资队伍</a>
        <ul>
            <li><a>负责人</a></li>
            <li><a>队伍结构</a></li>
            <li><a>任课教师</a></li>
            <li><a>教学管理</a></li>
            <li><a>合作办学</a></li>
        </ul>
    </li>
  <li><a>教学条件</a>
        <ul>
            <li><a>经费投入</a></li>
            <li><a>实践教学</a></li>
            <li><a>教材改革</a></li>
        </ul>
    </li>
    <li><a>改革建设</a>
        <ul>
            <li><a>课程改革</a></li>
            <li><a>教材改革</a></li>
        </ul>
    </li>
</ul>
```

将上面的HTML组织加入文档主体body元素中，浏览页面，效果如图11-2所示。

2．样式设计

（1）设置总体样式，改变字体及行间距。

```
body{
   font-family:" 宋体 ";
   font-size: 12px;
   line-height: 1.5em;
}
```

添加样式后，浏览页面，结果如图11-3所示。

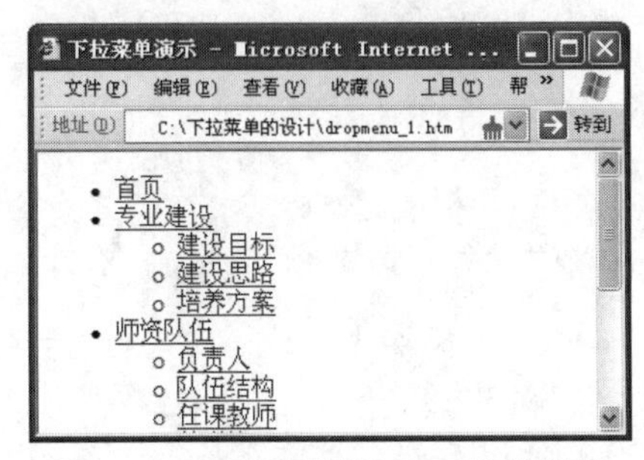

图11-2　下拉菜单的HTML结构效果

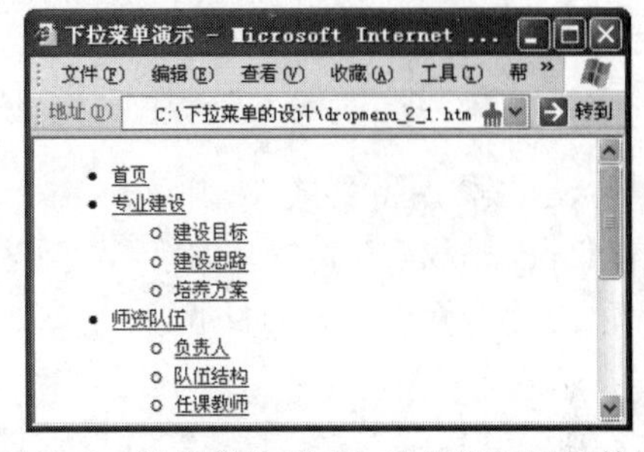

图11-3　设置总体样式与字体行距后的效果

（2）设置顶层ui与li的样式。

为区别第二层ui，给顶层ui设置id为menu。顶层ui与li的样式设置如下：

```
#menu ul{
    list-style: none;
    margin: 0px;
    padding: 0px;
}
#menu ul li{
    float: left;
    margin-left: 1px;
}
```

对ul和li标签添加样式后浏览页面，结果如图11-4所示。

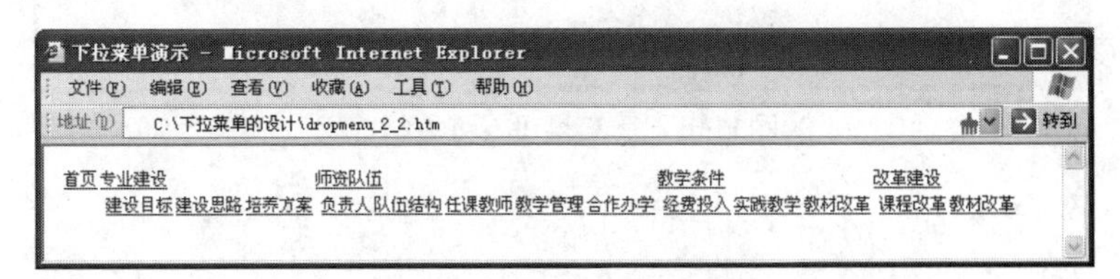

图11-4　顶层ui与li的样式

（3）设置超链接样式。

因样式的继承特性，外层设置对内层有影响：

```
a{ color: #000; text-decoration: none;}
a:hover{ color: #F00;}
#menu ul li a{
    display: block;
    width: 87px;
    height: 28px;
    line-height: 28px;
```

```
    text-align: center;
    background: url(images/ bg2.jpg) 0 0 repeat-x;
    font-size: 14px;
}
```

添加超链接样式后浏览页面，结果如图11-5所示。

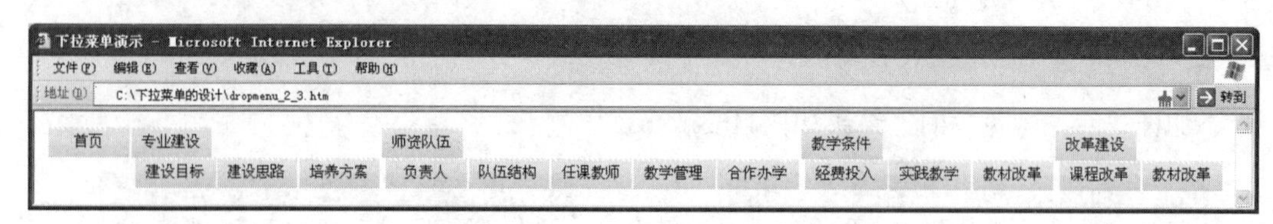

图11-5　添加超链接后的样式

（4）设置第二层ul样式。

设置display: none;使得嵌套的第二层列表ul不可见，为了美观，设置div下边框达到在第一层菜单下添加一条红色粗线条的目的。

```
#menu ul li ul{
    border: 1px solid #ccc;
    display: none;
    position: absolute;
}
#menu{
    width: 500px;
    height: 28px;
    margin: 0 auto;
    border-bottom: 3px solid #E10001;
}
```

设置第二层ul样式后浏览页面，结果如图11-6所示。

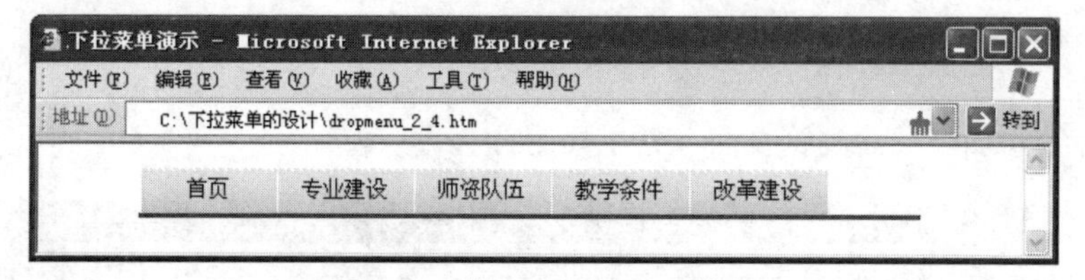

图11-6　第二层ul不可见样式

（5）设置第一层li: hover及其下属的ul、li样式。

```
#menu ul li:hover ul{
    display: block;
}
#menu ul li ul li{
    float: none;
    width: 87px;
    background: #eee;
    margin: 0;
}
```

这里样式设置和下一步的样式设置，对目前输出无影响。

（6）设置第二层的超链接样式。

```
#menu ul li ul li a { background: none;}
#menu ul li ul li a:hover{ background: #333; color: #fff;}
```

为鼠标的移入事件时显示二级菜单和移出事件隐藏二级菜单，定义#menu ul li 类型元素的样式类sfhover，在#menu ul li 类型元素上添加sfhover样式类则显示二级菜单。

```
#menu ul li.sfhover ul{ display: block;}
```

3. 编写JavaScript脚本

编写JavaScript脚本使得每个第一级li在鼠标移入或移出时添加或移除sfhover样式类。

```
<script type="text/javascript">
    function  windowLoad() {
        var lis=document.getElementById("menu").getElementsByTagName("li");
        for (var i=0; i<lis.length; i++) {
            lis [i].onmouseover=function() {
                this.className+=(this.className.length >0? " " : " " )+ "sfhover";
            }
            lis [i].onmouseout=function() {
                this.className=this.className.replace("sfhover ", " ");
            }
        }
    }
    window.onload = windowLoad;        //窗口加载成功后执行windowLoad函数
</script>
```

添加JavaScript脚本后，页面浏览效果如图11-1所示。

说明:

①全局语句window.onload = windowLoad;为窗口加载成功事件指派了windowLoad处理函数。

②使用循环结构为多个li元素指派事件处理函数，编程效率比较高。

11.1.4 实例拓展

设置最近被单击过的超链接外观属性

记忆上次被单击过的超链接为深红色粗体样式。为此先定义一个样式类如下：

```
.clicked {
   color: #C00;font-weight:bold;
}
```

编写JavaScript脚本使得clicked类样式只用于刚刚单击过的超链接，以前被单击的超链接不使用clicked类样式。

在windowLoad函数中for语句后添加以下代码：

```
var anchors=document.getElementsByTagName("a");
for(var i=0; i<anchors.length; i++) {
    anchors[i].onmouseup=function () {
        //清除所有超链接的clicked类样式
        for(var j=0; j<anchors.length; j++) {
```

```
            anchors[j].className=anchors[j].className.replace( "clicked","" );
        }
        //设置当前超链接的clicked类样式
        this.className+=(this.className.length>0 ? "":"" )+"clicked";
    }
}
```

上面这段代码将所有的超链接对象遍历了一遍，效率不高，可以使用一个全局变量保存上次单击过的超链接对象，避免遍历过程，提高执行效率。

（1）定义全局变量，保存上次单击的超链接对象，代码如下：

```
var prevlink=null;
```

（2）修改超链接for语句，代码如下：

```
var anchors=document.getElementsByTagName("a");
for(var i=0; i<anchors.length; i++) {
    anchors[i].onmouseup=function () {
        //清除所有超链接的clicked类样式
        for(var j=0; j<anchors.length; j++) {
            anchors[j].className=anchors[j].className.replace("clicked","");
        }
        //设置当前超链接的clicked类样式
        this.className+=(this.className.length > 0 ? "":"")+"clicked";
    }
}
```

11.2 实例2：JavaScript在线测试系统设计

11.2.1 学习目标

（1）掌握使用document常用对象的应用。

（2）掌握JavaScript数组的应用。

11.2.2 实例介绍

本实例需要完成在线测试答题，选择完成后单击“交答卷”按钮进入出评分和正确答案页面。实例实现的结果如图11-7所示。

本实例从两个方面进行设计，设计步骤如下：

（1）使用HTML标签构建form表单提供页面元素；

（2）编写JavaScript脚本，实现提交答卷后给出评分和标准答案。

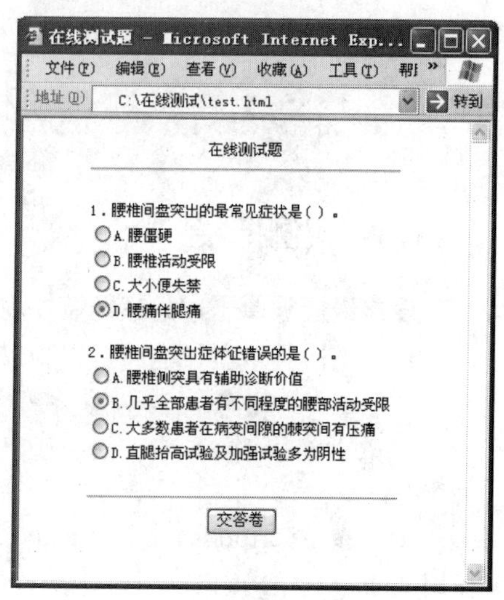

图11-7 在线测试答题页面

11.2.3 实施过程

1. 使用HTML标签构建form表单提供页面元素

HTML页面结构中表单的核心代码如下：

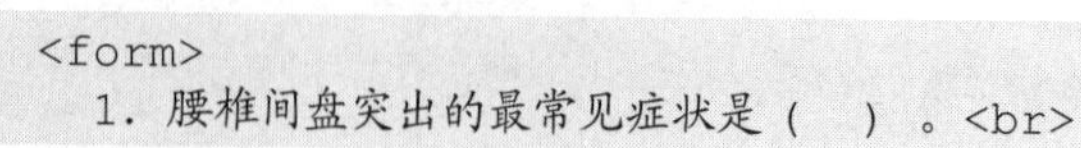

```
<form>
  1. 腰椎间盘突出的最常见症状是（  ）。<br>
```

```
    <input type="radio" name="q1" value="0">A. 腰僵硬 <br>
    <input type="radio" name="q1" value="0">B. 腰椎活动受限 <br>
    <input type="radio" name="q1" value="0">C. 大小便失禁 <br>
    <input type="radio" name="q1" value="1">D. 腰痛伴腿痛 <br>
  </form>
  <form>
    2. 腰椎间盘突出症体征错误的是（  ）。<br>
    <input type="radio"name="q1"value="0">A. 腰椎侧突具有辅助诊断价值 <br>
    <input type="radio"name="q1"value="0">B. 几乎全部患者有不同程度的腰部活动受限 <br>
    <input type="radio"name="q1"value="0">C. 大多数患者在病变间隙的棘突间有压痛 <br>
    <input type="radio"name="q1"value="1">D. 直腿抬高试验及加强试验多为阴性 <br><br>
  </form>
  <form>
     <input type="button"name="Submit"value=" 交答卷 " onClick="Grade()"
  </form>
```

运行代码，页面浏览效果如图11-7所示。

2. 编写JavaScript脚本

实现提交答卷后给出评分和标准答案的JavaScript代码如下：

```
  <script language="JavaScript">
  var Total_test = 2;                                 // 修改这里与题目数量一致
  var msg = ""
  // 正确答案。
  var Solution = new Array(Total_test)
  Solution[0] ="D. 腰痛伴腿痛 ";
  Solution[1] ="D. 直腿抬高试验及加强试验多为阴性 ";
  function GetSelectedButton(ButtonGroup)
  {
    for(var x=0; x<ButtonGroup.length; x++)
      if(ButtonGroup[x].checked) return x;
    return 0;
  }
  function ReportScore(correct)
  {
    var SecWin=window.open("","scorewin","scrollbars,width=300,height=220");
    var MustHave1="<html><head><title> 测验成绩报告 </title></head>";
    var totalgrade=Math.round(correct/Total_test*100);
    var Percent="<h2> 测验成绩 : "+totalgrade+" 分 </h2><hr>";
    lastscore=Math.round(correct/Total_test*100);
    if(lastscore=="100"){
    msg=MustHave1 +Percent+"<font color='red'> 恭喜，全部答对了！ </font><p>"+msg+
"<input type='button'value=' 关闭 'onclick=javascript:window.close()></body></html>"}
    else {
    msg=MustHave1+Percent+"<font color='red'> 正确答案: </font><p>"+msg+"<input
type='button'value=' 关闭 'onclick=javascript:window.close()></body></html>";
  }
    SecWin.document.write(msg);
    msg =""; // 清空 msg
  }
  function Grade()
  {
    var correct=0;
    var wrong=0;
    for(number=0; number<Total_test; number++)
```

```
    {
      var form=document.forms[number];      //测试题 #
      var i=GetSelectedButton(form.q1)
      if(form.q1[i].value=="1")
      { correct++; }
      else
      { wrong++;
         msg+="测试题"+(number+1)+"."+Solution[number]+"<BR>";
      }
    }
   ReportScore(correct);
}
</script>
```

单击图11-7中的“交答卷”按钮运行代码，页面浏览效果如图11-8所示。

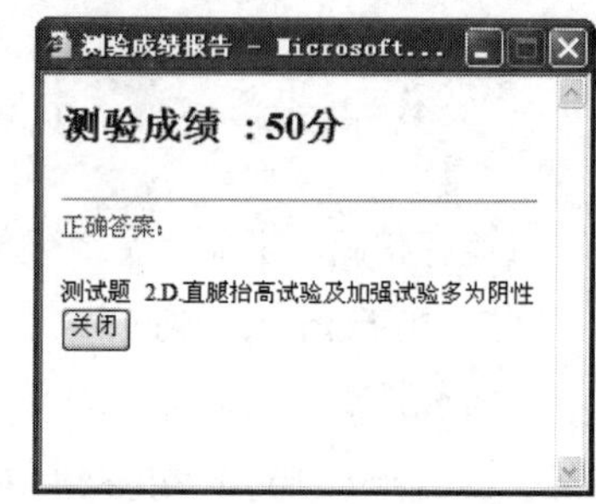

图11-8 评分和正确答案窗口

11.2.4 实例拓展

1. 题目增加的方法

如果题目增加，只需要修改变量题目总数变量var Total_test等于题目数，然后再正确答案中给Solution数组赋值即可。

例如，在第2题后增加第3题：

```
<form>
3. 题目描述……(  ) 。<br>
<input type="radio" name="q1" value="0">A.选项1描述……<br>
<input type="radio" name="q1" value="0">B.选项1描述……<br>
<input type="radio" name="q1" value="1">C.选项1描述……<br>
<input type="radio" name="q1" value="0">D.选项1描述……<br>
</form>
```

注意： 应将正确的选项中value 的值设置为1。例如第3题，将选项的值赋值为1。

2. 放置复制与屏蔽右键

在本例中，如果用户右击查看了源代码，那么通过浏览选项的值（寻找value="1"），即可找到每个题目的正确答案。为此，大家可以采用彻底屏蔽鼠标右键的方式来实现。

可以通过加入如下代码实现右键的屏蔽，其他解决方式大家可以通过网络搜索自己学习。

```
function click(){
 if(event.button==2){
  alert('右键被屏蔽!!');
 }
}
document.onmousedown=click
```

11.3 实例3：JavaScript在线脚本编辑器

11.3.1 学习目标

（1）掌握CSS样式表的创建。

（2）掌握DOM对象的应用。

（3）掌握JavaScript基础知识的运用。

11.3.2　实例介绍

本实例主要完成在虚拟平台橙色区域中直接编写HTML、CSS或JavaScript代码，单击“运行代码”“复制代码”“保存代码”按钮即可完成相应的代码运行、代码复制与代码保存等功能，如图11-9所示。

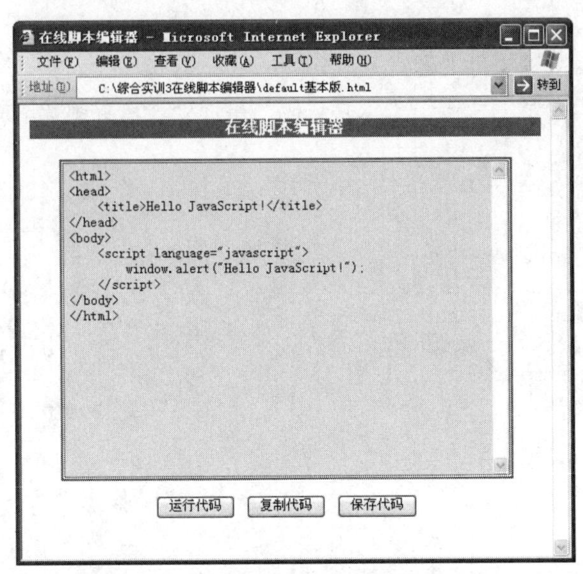

图11-9　JavaScript在线脚本编辑器效果

本实例从三个方面进行设计，设计步骤分别如下：

（1）使用HTML标签构建页面表格元素和基本样式。

（2）CSS样式表设计布局与美化页面元素。

（3）编写JavaScript文件，处理页面元素的事件。

11.3.3　实施过程

1. 使用HTML标签构建基本页面

HTML页面结构代码如下：

```
    <form name="myform">
        <center>
        在线脚本编辑器 <br>
        <textarea name="runcode"cols="60"rows="20"id="runcode0"></textarea><br>
        <input id="0"type="button"value=" 运行代码 "onclick="runCode(this.id)" />
 
        <input id="0"type="button"value=" 复制代码 "onclick="doCopy(this.id)"  />
 
        <input id="0"type="button"value=" 保存代码 "onclick="saveCode(runcode0)"/>
        </center>
    </form>
```

2. CSS样式文件的建立

本实例中对页面元素样式进行设置，代码如下：

```
<style type="text/css">
h2{ background-color:#FF3300;
    color:#FFF;}
#runcode0{
    background-color: #FFF59B;
    border: 4px double #FF3300;
    padding: 5px;}
}
</style>
```

3. JavaScript事件处理文件的建立

实现“运行代码”“复制代码”“保存代码”事件处理设置函数的脚本页面cp.js的代码如下：

```
//获取一个对象
function getByid(id) {
   if(document.getElementById) {
          return document.getElementById(id);
   } else if(document.all) {
          return document.all[id];
   } else if(document.layers) {
          return document.layers[id];
   } else {
          return null;
   }
}
//运行框操作
function creatID(DivID){
var objs=getByid(DivID).getElementsByTagName('textarea');
var inps=getByid(DivID).getElementsByTagName('input');
var buts=getByid(DivID).getElementsByTagName('button');
var labs=getByid(DivID).getElementsByTagName('label');
   for(i=0; i<objs.length; i++) {
          objs[i].id="runcode"+i;
          inps[i].id=i
          buts[i].id=i
          labs[i].id=i
   }
}
function runCode(obj){                         //定义一个运行代码的函数
     var code=getByid("runcode"+obj).value;          //即要运行的代码
     var newwin=window.open('','','');         //打开一个窗口并赋给变量newwin
     newwin.opener=null                        //防止代码对页面修改
     newwin.document.write(code);//向这个打开的窗口中写入代码code，这样实现运
                                    行代码功能
     newwin.document.close();
}
//复制代码
function doCopy(obj) {
   if(document.all){
          textRange=getByid("runcode"+obj).createTextRange();
          textRange.execCommand("Copy");
          alert("代码已经复制到剪切板");
   }else{
          alert("此功能只能在IE上有效\n\n请在文本域中用Ctrl+A选择再复制")
```

```
    }
}
//另存代码
function saveCode(obj) {
    var winname = window.open('','','width=0,height=0,top=200,left=200px');
    winname.document.open('text/html','replace');
    winname.document.write(obj.value);
    winname.document.execCommand('saveas','','在线脚本编辑器.html');
    winname.close();
}
```

11.3.4　实例拓展

三个按钮可以使用图片按钮，代码如下：

```
<input id=0  type="image" onClick=runCode(this.id) src="images/tp1.jpg" >
<input id=0  type="image" onClick=doCopy(this.id) src="images/tp2.jpg" >
<input id=0  type="image" onClick=saveCode(runcode0) src="images/tp3.jpg" >
```

使用CSS样式表与表格结合布局设计界面后页面效果如图11-10所示。

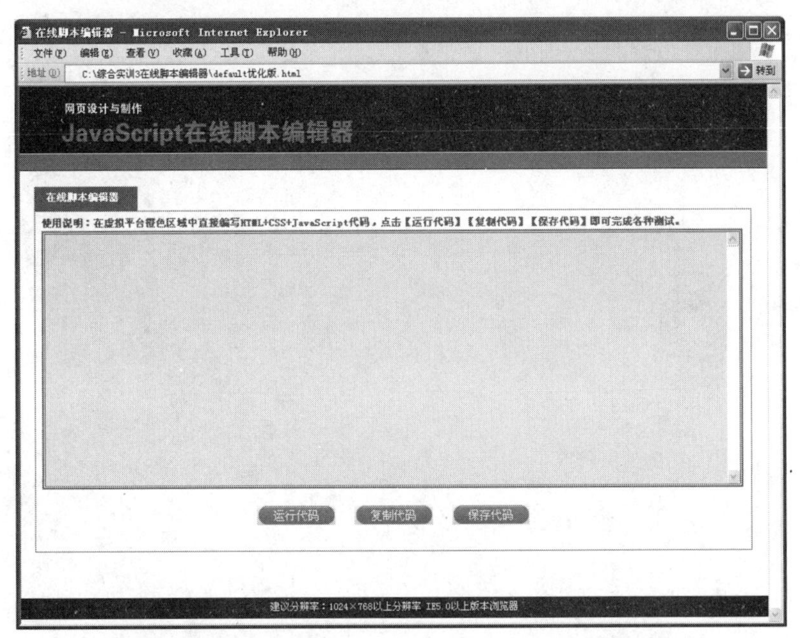

图11-10　JavaScript在线脚本编辑器优化后页面效果